생각을 키우는

와이즈만 창의사고력 수학

초등 3·4학년

와이즈만 BOOKs

와이즈만 창의사고력 수학 초대장을 받은 친구들에게

수학 친구들의 행복한 수학 놀이터, 와이즈만 창의사고력 수학의 초대장을 받고, 수학 탐험의 세계로 오신 여러분을 환영합니다.

가우스는 열 살 때 선생님께서 1에서 100까지의 합을 구하라는 문제를 내자, 1부터 100까지의 수를 하나 하나 더하는 친구들 사이에서 단번에 정답 5,050을 써냈습니다.

깜짝 놀란 선생님이 어떻게 이렇게 빨리 답을 구했는지 물어보았지요.

그러자 어린 가우스는

"1하고 100하고 더했더니 101이 나와요.
2하고 99하고 더해도 101이 나오고요.
3과 98을 더해도 마찬가지였어요.
그래서 전 101에 100을 곱했어요.
이것은 1부터 100까지 두 번 더한 셈이기 때문에 101에 100을 곱한 후 2로 나누었어요."
라고 말했지요.

덧셈 문제를 단순히 순서대로 더하지 않고 자신만의 창의적인 방법으로 풀어낸 가우스!

가우스는 훗날 세계 3대 수학자들 중 1명이 되었답니다.

가우스처럼 창의적인 방법으로 문제를 풀고 싶지 않나요?

수학은 공식을 외어서, 또는 알고 있는 것을 기억해내서 푸는 것이 아닙니다. 제대로 이해하고, 생각하고 응용하여 해결 열쇠를 만들어내는 것이지요.

와이즈만 창의사고력 수학과 함께한다면 수학을 창의적으로 생각하고 자신 있게 푸는 자신의 모습을 발견하게 될 것입니다. 와이즈만 창의사고력 수학에는 학교에서 배우는 교과서 문제를 비롯해서 수학적 상상력과 창의력을 폭발적으로 뿜어낼 수 있는 수학비밀을 가득 담았습니다.

암호, 퍼즐, 퀴즈, 수학 이야기 등을 통해 예비 영재들이 즐겁고 흥미롭게 수학을 만나고 수학적 사고력과 표현력, 창의적 문제해결력을 향상시킬 수 있게 됩니다.

지금부터 즐겁고 신나게 와이즈만 창의사고력 수학의 비밀을 만나보세요!

와이즈만 창의사고력 수학 사용 설명서

- 자기주도 학습 체크리스트에 공부 계획을 세워 보세요.
- 강의를 듣기 전에 먼저 스스로 생각하며 풀어 보세요.
- 선생님의 친절한 강의를 들을 때는 질문에 대답해 가며 강의에 참여하세요.
- 강의를 듣는 데는 30분이면 충분해요.
- 공부를 마치고 확인란에 체크해 주세요.
- 계획을 잘 실천한 자신을 칭찬해 주세요.

구성과 특징

Stage 2를 먼저 학습해도 좋습니다.

Stage 1

학교 공부 다지기

기본 수학실력 점검과 학교 수업 내용 총정리

특징 1 최상위권 문제

- 학년 종합 문제로 총 1~10강으로 구성되었습니다.
- 고난이도 핵심 문제 및 응용 문제로 구성되어 최상위권을 정복할 수 있습니다.

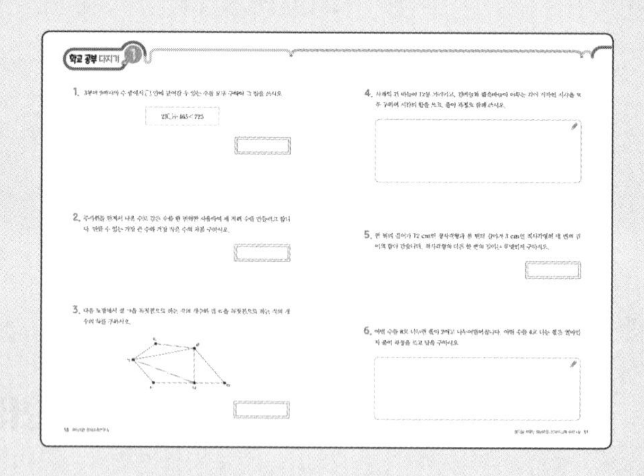

특징 2 학년별 필수 핵심 개념 이해

- 강의별 6~7문항의 선별된 수학 교과의 대표 심화 문제로 구성되어 학년별 필수 핵심 개념 이해를 점검하고 문제해결력을 기를 수 있습니다.

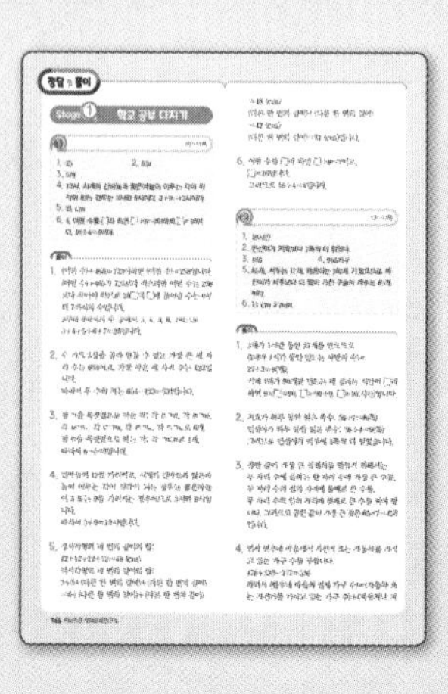

특징 3 문항별 상세한 문제풀이

- 핵심 교과 개념을 한 눈에 알기 쉽게, 꼼꼼하게 문제 풀이로 정리합니다!
- 문항별 상세한 문제풀이로 학습의 이해를 높입니다.

와이즈만 영재탐험 (수학비밀 시리즈)

수학적 사고력과 표현력, 창의적 문제해결력 향상

특징 1 와이즈만의 수학 비밀 선물

- 암호, 퍼즐, 패턴, 논리, 퀴즈 등의 다채로운 문제 유형과 수학비밀 컨셉으로 구성되어 즐겁고 흥미롭게 학습에 참여할 수 있습니다.
- 총 11~40강으로 구성되어 풍성하고 유익한 수학탐험이 가능합니다.

특징 2 흥미진진한 스토리텔링형

- 생활 속에서 접할 수 있는 흥미로운 소재와 학생들의 학년별 수준에 맞는 스토리텔링형 문제로 구성되어 수학에 대한 흥미를 갖게 합니다.

특징 3 창의융합형 사고력 up!

- 수학적 사고력과 이해력을 높이는 창의융합 문제로 구성되어 문제해결력을 기를 수 있습니다.

특징 4 영재교육원 대비 맞춤형

- 변화하는 영재교육원 대비 맞춤형 문제 구성으로 수학 사고력 및 창의적 문제해결력을 높이고 도전에 자신감을 갖게 합니다.

특징 5 변화하는 입시에서 꼭 필요한 서술 능력 강화

- 복잡하고 낯선 문제에도 도전하며, 스스로 생각하여 해결의 실마리를 찾고 해결 과정을 논리적으로 서술하는 능력을 길러줍니다.

이 책의 차례

Stage 1

학교 공부 다지기 01 010

학교 공부 다지기 02 012

학교 공부 다지기 03 014

학교 공부 다지기 04 016

학교 공부 다지기 05 018

학교 공부 다지기 06 020

학교 공부 다지기 07 022

학교 공부 다지기 08 024

학교 공부 다지기 09 026

학교 공부 다지기 10 028

Stage 2

와이즈만 영재탐험 수학 01 화살표 연산 추리 032
와이즈만 영재탐험 수학 02 덧셈과 뺄셈 식 만들기 036
와이즈만 영재탐험 수학 03 가면을 쓴 숫자 퍼즐 해결하기 040
와이즈만 영재탐험 수학 04 돌리고 뒤집고, 도형 탐구 044
와이즈만 영재탐험 수학 05 원의 탐구와 문제 해결 048
와이즈만 영재탐험 수학 06 논리적으로 생각하기(1) 052
와이즈만 영재탐험 수학 07 다람쥐방 퍼즐 해결하기 062
와이즈만 영재탐험 수학 08 논리적으로 생각하기(2) 070
와이즈만 영재탐험 수학 09 자석 배치 퍼즐 해결하기 076
와이즈만 영재탐험 수학 10 분수 탐구 080
와이즈만 영재탐험 수학 11 분수의 크기 비교와 셈하기 092
와이즈만 영재탐험 수학 12 1보다 큰 분수 탐구 100
와이즈만 영재탐험 수학 13 나눗셈으로 숨은 그림 찾기 110
와이즈만 영재탐험 수학 14 신기한 수의 성질 탐구 118
와이즈만 영재탐험 수학 15 생활 속의 규칙 찾기 130
와이즈만 영재탐험 수학 16 늘어나는 규칙 찾기 140
와이즈만 영재탐험 수학 17 반복되는 규칙 찾기 148
와이즈만 영재탐험 수학 18 여러 가지 문제 해결 방법 156

자기주도 학습 체크리스트

- 자기주도 학습 체크리스트에 공부 계획을 세워 보세요.
- 강의를 듣기 전에 먼저 스스로 생각하며 풀어 보세요.
- 선생님의 친절한 강의를 들을 때는 질문에 대답해 가며 강의에 참여하세요.
- 강의를 듣는 데는 30분이면 충분해요.
- 공부를 마치고 확인란에 체크해 주세요.
- 계획을 잘 실천한 자신을 칭찬해 주세요.

영상	단원	계획일	확인
1	학교 공부 다지기 1		
2	학교 공부 다지기 2		
3	학교 공부 다지기 3		
4	학교 공부 다지기 4		
5	학교 공부 다지기 5		
6	학교 공부 다지기 6		
7	학교 공부 다지기 7		
8	학교 공부 다지기 8		
9	학교 공부 다지기 9		
10	학교 공부 다지기 10		

Stage 1

학교 공부 다지기

1. 3부터 9까지의 수 중에서 □ 안에 들어갈 수 있는 수를 모두 구하여 그 합을 쓰시오.

$$25\square+465<723$$

2. 주사위를 던져서 나온 수로 같은 수를 한 번씩만 사용하여 세 자리 수를 만들려고 합니다. 만들 수 있는 가장 큰 수와 가장 작은 수의 차를 구하시오.

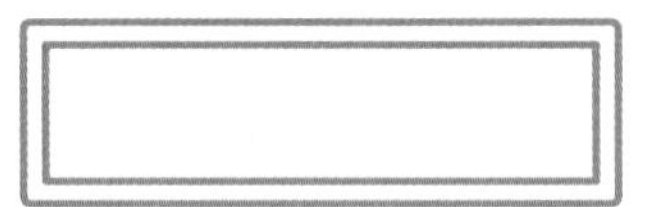

3. 다음 도형에서 점 ㄱ을 꼭짓점으로 하는 각의 개수와 점 ㄷ을 꼭짓점으로 하는 각의 개수의 차를 구하시오.

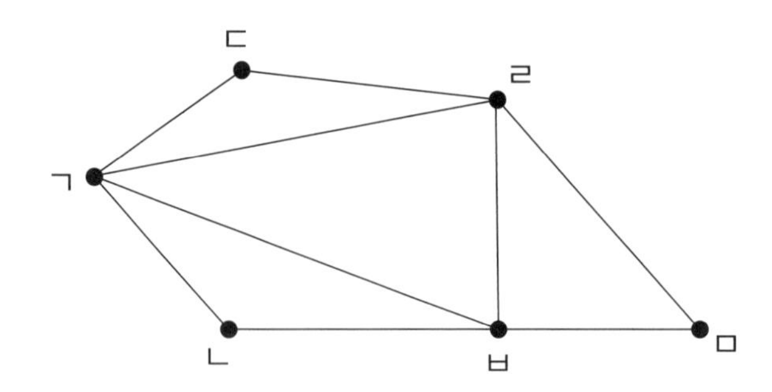

4. 시계의 긴바늘이 12를 가리키고, 긴바늘과 짧은바늘이 이루는 각이 직각인 시각을 모두 구하여 시간의 합을 쓰고, 풀이 과정도 함께 쓰시오.

5. 한 변의 길이가 12 cm인 정사각형과 한 변의 길이가 3 cm인 직사각형의 네 변의 길이의 합이 같습니다. 직사각형의 다른 한 변의 길이는 무엇인지 구하시오.

6. 어떤 수를 8로 나누면 몫이 2이고 나누어떨어집니다. 어떤 수를 4로 나눈 몫은 얼마인지 풀이 과정을 쓰고 답을 구하시오.

1. 사탕 공장의 모든 기계들은 같은 빠르기로 사탕을 만듭니다. 기계 3대가 1시간 동안 사탕을 27개를 만든다면 기계 1대로 사탕을 90개 만드는 데 걸리는 시간을 구하시오.

2. 지효는 일주일 동안 동화책을 매일 똑같은 쪽수씩 읽어 56쪽 읽었고, 민선이는 4일 동안 동화책을 매일 똑같은 쪽수씩 읽어 36쪽 읽었습니다. 하루에 읽은 양이 더 많은 사람은 누구이고, 몇 쪽을 더 읽었는지 쓰시오.

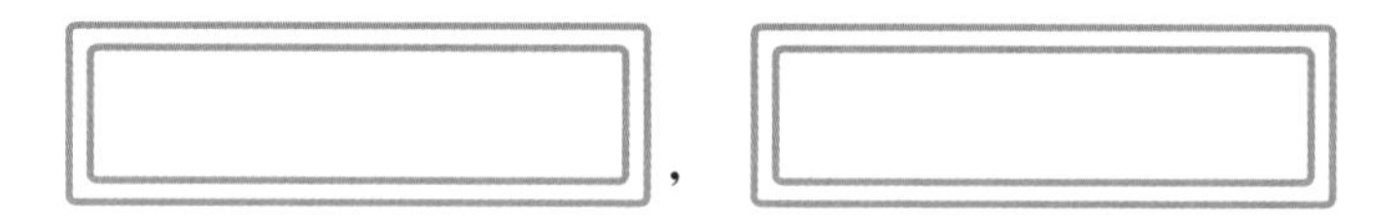

3. 다음 수 카드 중에서 3장을 골라 곱이 가장 큰 (몇십몇)×(몇) 곱셈식을 만들려고 합니다. 곱의 값을 쓰시오.

4. 현우네 마을에서 자동차를 가지고 있는 가구는 478가구, 자전거를 가지고 있는 가구는 335가구, 자전거와 자동차를 모두 가지고 있는 가구는 277가구, 자동차나 자전거를 가지고 있지 않은 가구는 427가구입니다. 현우네 마을의 전체 가구 수를 구하고 해결 과정도 쓰시오.

5. 서주는 구슬을 17개 가지고 있습니다. 민정이는 서주가 가진 구슬의 3배를 가지고 있고, 해찬이는 민정이가 가진 구슬의 2배를 가지고 있습니다. 해찬이는 서주보다 구슬을 몇 개 더 많이 가지고 있는지 구하고, 풀이 과정을 함께 쓰시오.

6. 길이가 4 cm 9 mm인 종이띠 3장을 17 mm씩 겹쳐서 한 줄로 길게 이었습니다. 이어 붙인 종이띠의 전체 길이는 몇 cm 몇 mm인지 구하시오.

1. 1시간에 4초씩 느려지는 시계가 있습니다. 이 시계를 오늘 오전 10시에 정확하게 맞추어 놓았다면 다음 날 오전 10시에 이 시계가 가리키는 시각은 오전 몇 시 몇 분 몇 초인지 쓰시오.

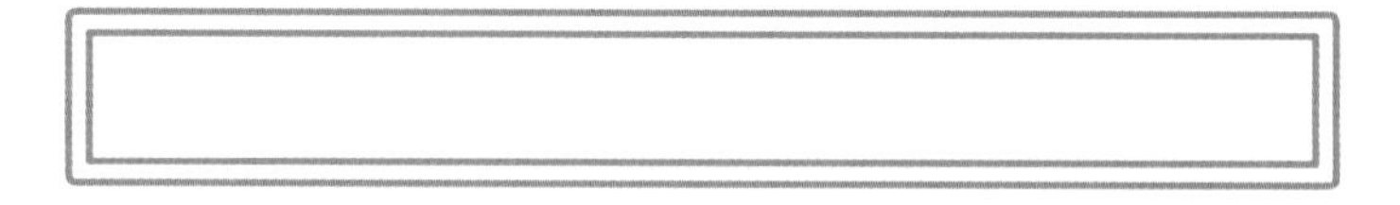

2. 수현이가 줄넘기 연습을 끝내고 시계를 봤더니 오후 6시 25분 43초였습니다. 중간에 물을 마시느라 4분 57초 정도 쉬었습니다. 쉼 없이 줄넘기 연습을 한 시간이 1시간 5분 18초였다면 수현이가 줄넘기를 하기 시작한 때는 몇 시 몇 분 몇 초인지 쓰시오.

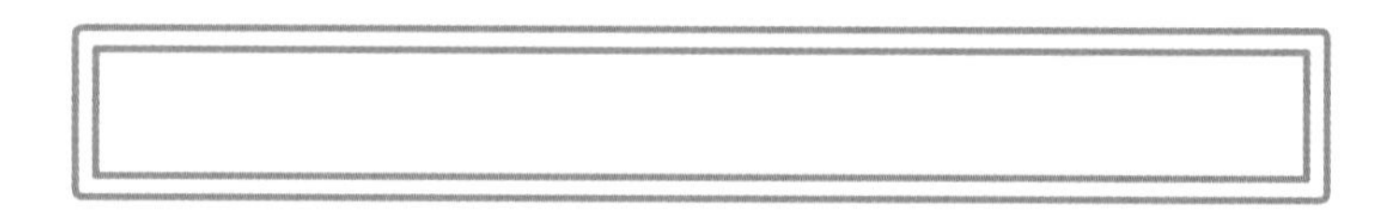

3. 5장의 수 카드 중에서 1장을 사용하여 분자가 3인 분수를 만들려고 합니다. 만들 수 있는 가장 큰 분수와 가장 작은 분수를 각각 쓰시오.

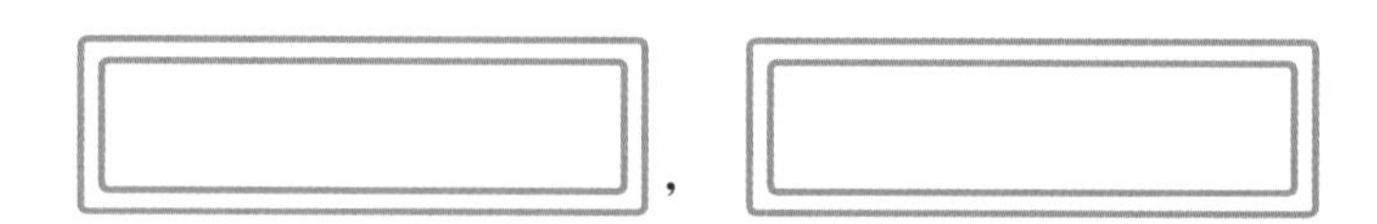

4. 세정이는 빵의 $\frac{1}{8}$을 먹고, 현아도 세정이와 같은 양을 먹었습니다. 남은 빵의 양은 세정이와 현아가 먹은 빵의 양의 몇 배인지 쓰시오.

5. 보기에 알맞은 소수를 구하시오.

[보기]
- 6과 $\frac{6}{10}$만큼인 수보다 작은 소수이다.
- 0.1이 63개인 수보다 큰 소수이다.
- 소수 첫째 자리 수가 짝수인 소수이다.

6. 숫자 2, 4, 6, 0, 7이 적힌 5장의 카드 중에서 2장을 뽑아 소수 ★.■을 만들려고 합니다. 만들 수 있는 소수 중에서 가장 큰 수와 가장 작은 수를 각각 구하여 쓰시오.

,

1. ■, ▲에 알맞은 수는 각각 얼마인지 풀이 과정을 쓰고, 답을 구하시오.

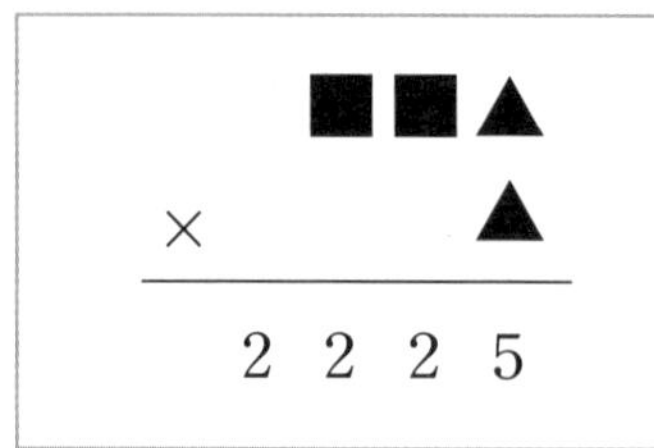

2. □ 안에 들어갈 수 있는 수 중에서 가장 작은 두 자리 수를 구하시오.

$48 \times \square > 3502$

3. 수미는 4주 동안 줄넘기를 980회 했습니다. 처음 3주 동안은 하루에 줄넘기를 30회씩 했습니다. 남은 1주 동안 매일 줄넘기를 똑같은 횟수만큼 하였다면 하루에 몇 회씩 했는지 구하시오.

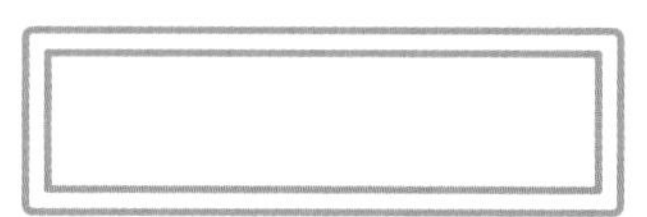

4. 선호가 종이비행기를 1개 만드는 데 걸리는 시간은 항상 같습니다. 종이비행기를 6개 만드는 데 1시간 30분이 걸렸다면 1개 만드는 데 걸린 시간은 몇 분인지 쓰시오.

5. 2로 나누어도, 7로 나누어도 나누어떨어지는 수 중에서 가장 큰 두 자리 수를 구하시오.

6. 한 변의 길이가 32 cm인 정사각형에 원을 꽉 차도록 그리고 그림과 같이 원 2개를 더 그려 넣었습니다. □ 안에 들어갈 수를 쓰시오.

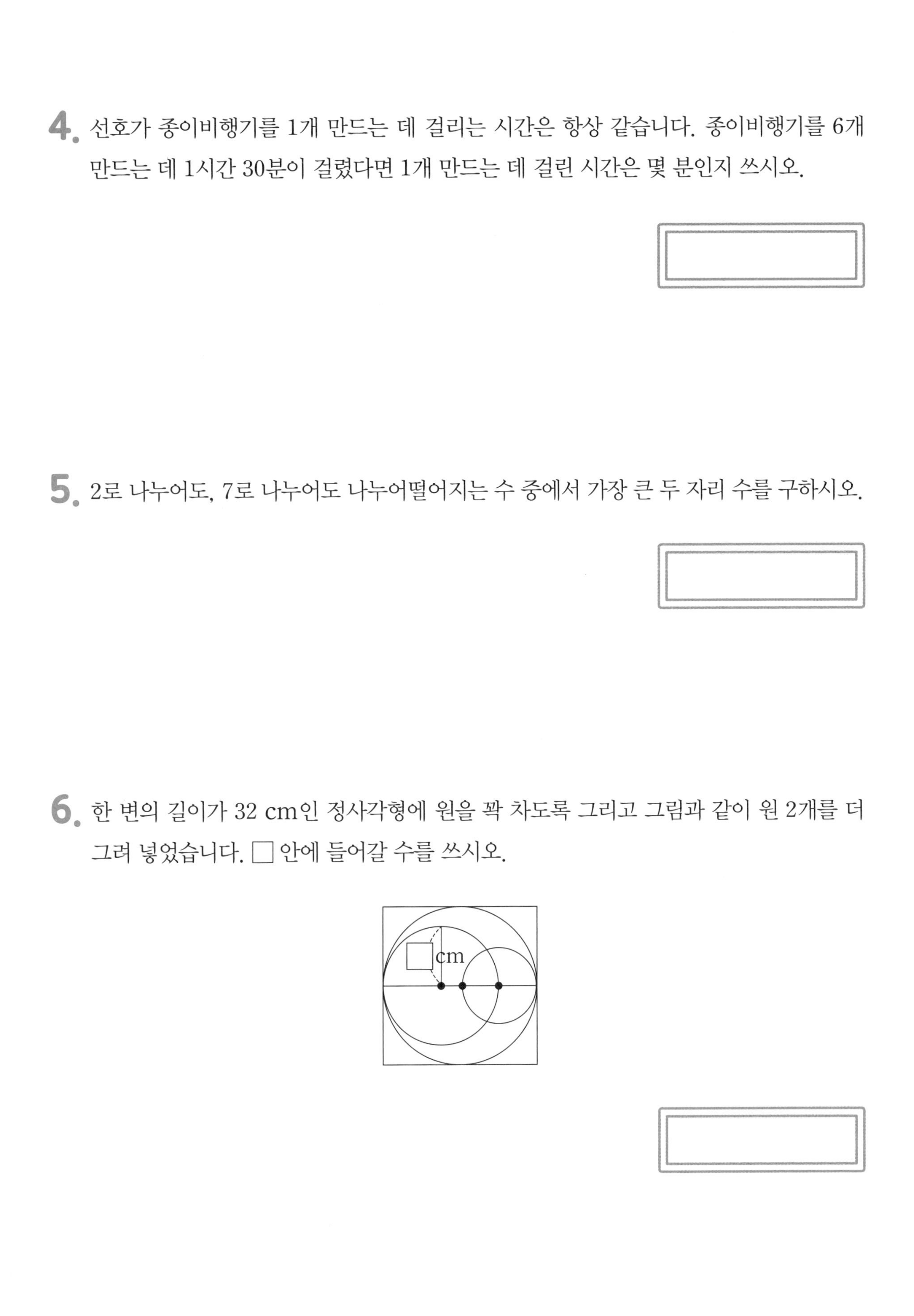

1. 가로 95 cm, 세로 80 cm인 직사각형 모양의 종이가 있습니다. 지현이가 한 말을 읽고, 잘못된 부분을 찾아 고쳐 쓰시오.

지현: 종이의 긴 변을 5 cm 간격으로 자르고, 짧은 변을 4 cm 간격으로 자르면, 크기가 같은 사각형 종이를 400장 만들 수 있습니다.

2. 어떤 수의 $\frac{4}{5}$는 60입니다. 어떤 수의 $\frac{7}{15}$은 얼마인지 구하시오.

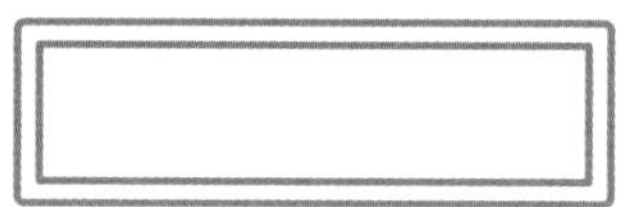

3. 다음 식을 보고 △에 들어갈 알맞은 수를 구하시오.

$$\frac{83}{\triangle}=6\frac{5}{\triangle}$$

4. 정사각형 안에 컴퍼스를 16 cm가 되도록 벌려서 큰 원의 일부를 그린 다음 나머지 모양을 그린 것입니다. 가장 작은 원의 반지름은 몇 cm인지 구하시오.

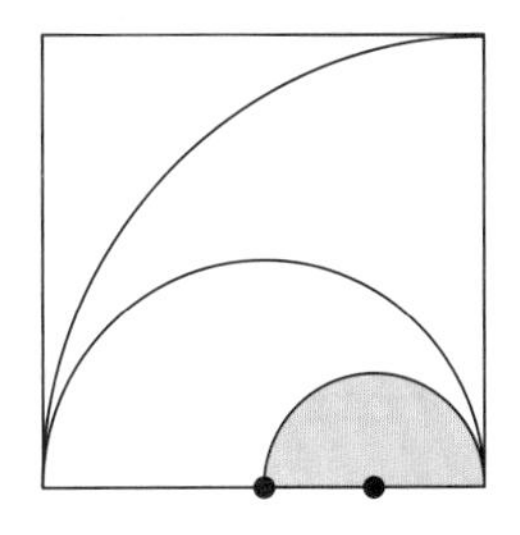

5. 세 개의 그릇 A, B, C로 다음과 같이 물을 채웠더니 물통에는 물 7000 mL가 채워졌습니다. 이 때 그릇 C의 들이는 몇 mL인지 구하시오.

- 250 mL 들이 그릇 A에 물을 가득 채워 3번 부었습니다.
- 500 mL 들이 그릇 B에 물을 가득 채워 5번 부었습니다.
- 그릇 C에 물을 가득 채워 5번 부었습니다.

6. 3분에 3 L 900 mL씩 일정하게 물이 나오는 수도에서 2분에 200 mL씩 새는 6 L짜리 물통에 물을 받고 있습니다. 이 물통에 물을 가득 채우는 데 걸리는 시간은 몇 분인지 구하시오.

학교 공부 다지기 6

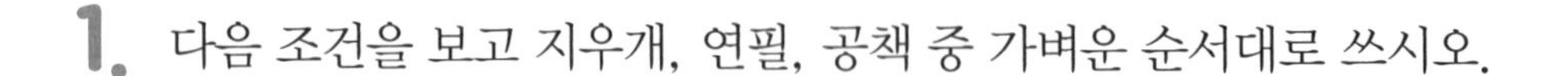

1. 다음 조건을 보고 지우개, 연필, 공책 중 가벼운 순서대로 쓰시오.

> • 지우개 1개의 무게는 연필 2자루의 무게와 같다.
> • 연필 6자루의 무게는 공책 2권과 같다.

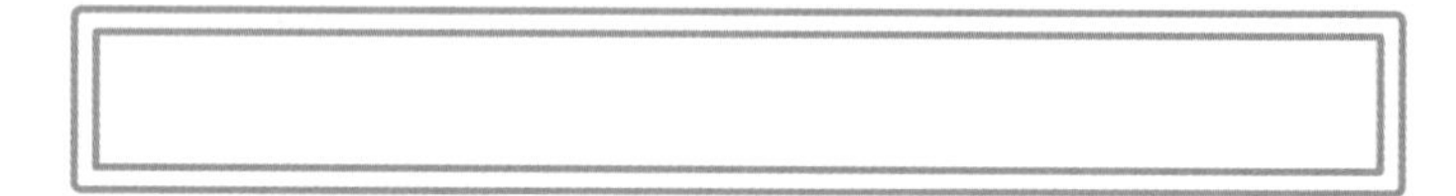

2. 선풍기와 의자를 함께 저울에 두고 무게를 재었더니 8 kg 800 g입니다. 의자가 선풍기보다 500 g 더 가볍다면 선풍기의 무게를 구하시오.

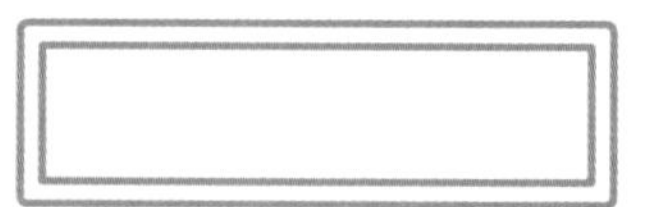

3. 다음은 행복 초등학교 3학년 1반, 2반 학생들이 좋아하는 간식을 나타낸 표입니다. 두 반 학생들이 좋아하는 간식을 준비한다면 치킨과 빵은 각각 몇 개씩 준비해야 합니까?

간식 / 반	빵	과자	피자	치킨	합계
1반		9	11	2	28
2반	3	1	8		25

4. 가, 나, 다 농장의 귤 생산량을 그림그래프로 나타낸 것입니다. 농장에서는 귤을 100개 단위로 시장으로 보내고 남은 귤은 한 개씩 포장해서 선물하려고 합니다. 포장지가 1개당 40원이라면 가, 나, 다 농장에서 필요한 포장지 값은 각각 얼마인지 구하시오.

농장	귤 생산량
가	
나	
다	

100개
10개
1개

5. 돼지저금통에 들어 있던 돈은 다음과 같습니다. 이 돈을 은행에 입금하였더니 통장에 적힌 금액이 340400원이었습니다. □에 알맞은 수를 구하시오.

- 50원 짜리 32개
- 100원 짜리 68개
- 1000원 짜리 □장
- 5000원 짜리 7장
- 10000원 짜리 12장
- 50000원 짜리 3장

6. 어떤 수에서 10억씩 뛰어 세기를 700번 한 수가 9조 2000억입니다. 어떤 수는 얼마입니까?

학교 공부 다지기 7

1. 다음 조건을 만족하는 일곱 자리 수는 모두 몇 개인지 구하시오.

- 숫자 4는 40000을, 숫자 2은 200을 나타낸다.
- 백만의 자리 숫자는 6이다.
- 일의 자리 숫자는 0이고, 십의 자리 수는 일의 자리 수보다 1 큰 수이다.
- 각 자리의 숫자는 서로 다르다.
- 십만과 천의 자리 수의 숫자의 합은 8이다.

2. 다음 도형에서 ㉠의 각도를 구하시오. (사각형의 네 각의 크기의 합은 360°입니다.)

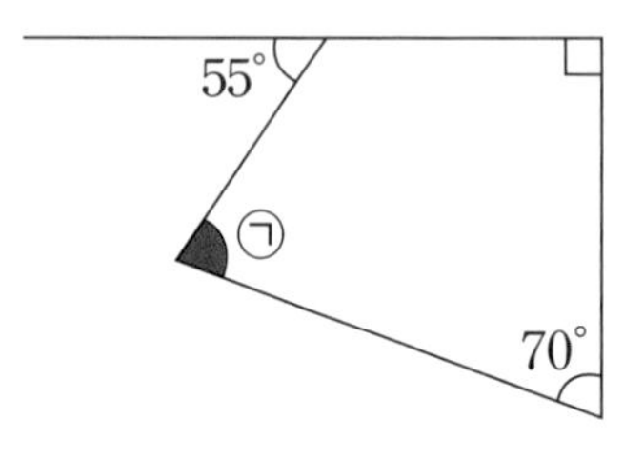

3. 두 시계 가, 나가 있습니다. 시계 가가 가리키는 시각은 6시 정각이고, 시계 나가 가리키는 시각은 4시 정각입니다. 두 시계의 긴바늘과 짧은바늘이 이루는 작은 쪽의 각도의 합과 차를 구하시오.

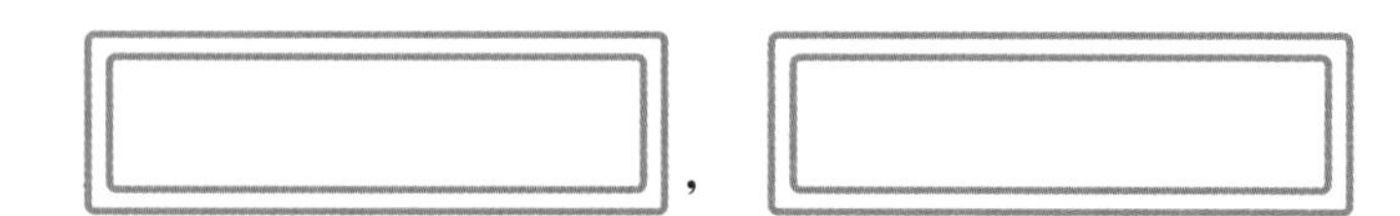

4. 직사각형 모양의 종이를 다음과 같이 접었을 때 ㉠을 구하시오.

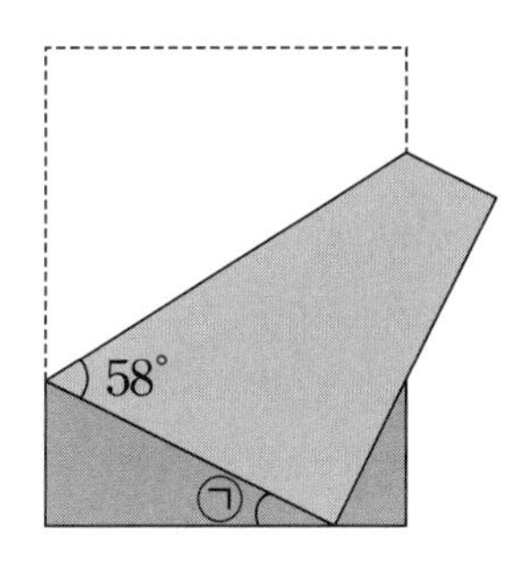

5. 달걀은 한 판에 30개까지 담을 수 있습니다. 달걀 1알의 무게는 2 g입니다. 달걀판의 무게는 30 g입니다. 무게를 재었더니 758 g이 되었다면, 달걀의 개수는 모두 몇 개인지 구하시오. (단, 달걀을 담을 때는 달걀판을 모두 채웁니다.)

6. 다음 나눗셈의 몫이 21일 때, 0부터 9까지의 수 중에서 □ 안에 들어갈 수 있는 수를 모두 구하여 그 합을 쓰시오.

6□4 ÷ 28

1. 지윤이가 거울을 보니 거울에 비친 시계가 다음과 같은 모습이었습니다. 7시에 엄마가 돌아오신다면, 지윤이는 엄마가 돌아오실 때까지 몇 분을 더 기다려야 합니까?

2. 다음은 성실초등학교의 4학년 학생들의 반별 학생 수를 나타낸 막대그래프입니다. 성실초등학교의 4학년 학생은 모두 몇 명인지 구하고 이 중 학생 수가 가장 많은 두 반의 학생 수는 모두 몇 명인지 구하시오.

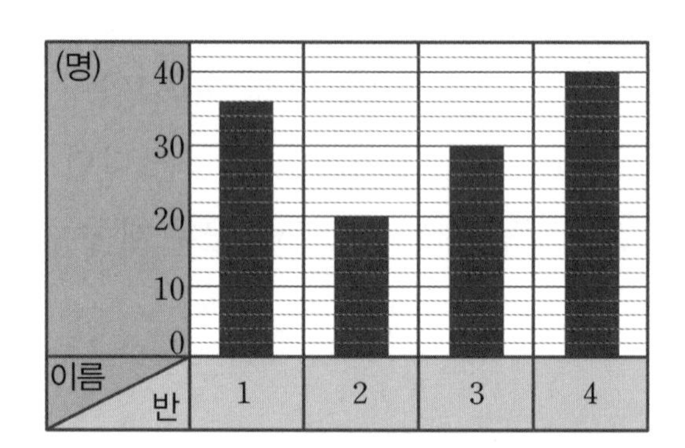

,

3. 보기를 보고 짝수를 합했을 때의 규칙을 찾아 10부터 40까지의 합을 구하시오.

[보기]

$2+4=2\times3$

$2+4+6=3\times4$

$2+4+6+8=4\times5$

$2+4+6+8+10=5\times6$

4. 왼쪽에 있는 도형을 왼쪽으로 밀고, 오른쪽으로 6번 뒤집은 다음 아래쪽으로 뒤집었을 때의 도형을 골라 기호를 쓰시오.

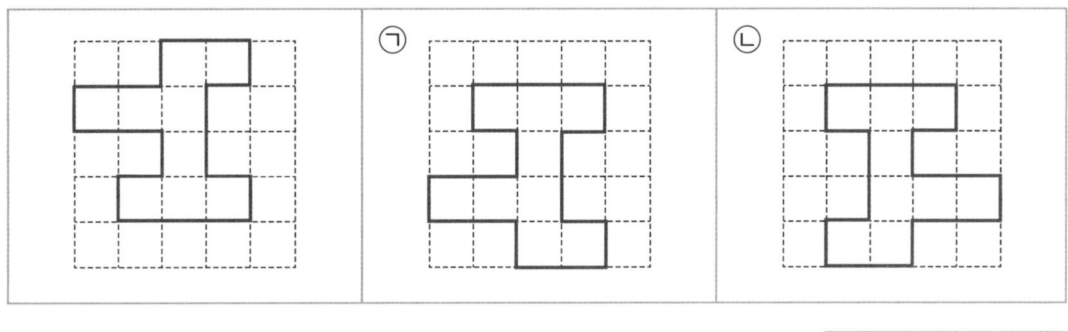

5. 도형 속의 수를 보고 규칙을 찾아 빈칸 ㉠, ㉡, ㉢, ㉣에 들어갈 알맞은 수를 각각 구하시오.

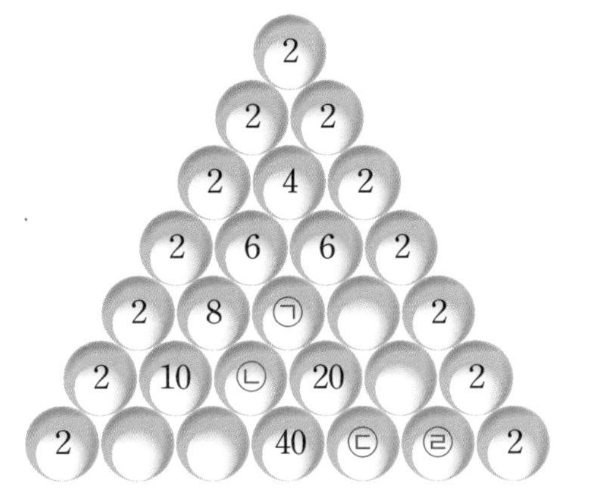

6. 보기를 보고 규칙에 따라 여섯째 계산식을 쓰고 풀이 과정을 함께 쓰시오.

[보기]

$11 \times 11 = 121$
$11 \times 111 = 1221$
$11 \times 1111 = 12221$

1. 다음 수 카드를 한 번씩 사용하여 보기의 조건에 맞는 덧셈식을 구하시오.

보기

- 카드를 한 번씩 모두 사용하여 두 진분수를 만듭니다.
- 두 진분수의 분모는 같습니다.
- 두 진분수의 합이 가장 작을 때의 덧셈식입니다.

2. □의 값을 구하시오.

$5\frac{4}{\square}$는 $8\frac{3}{\square}$보다 $2\frac{10}{\square}$만큼 작은 수입니다.

3. 혜정이는 땅콩을 전체의 $\frac{4}{13}$만큼, 호민이는 전체의 $\frac{6}{13}$만큼 먹었습니다. 남은 땅콩의 개수가 21개라면, 처음에 있던 땅콩의 전체 개수는 몇 개입니까?

4. 삼각형 ㄱㄹㄴ과 삼각형 ㄴㄹㄷ은 각각 이등변 삼각형입니다. □ 안에 들어갈 알맞은 수를 쓰시오.

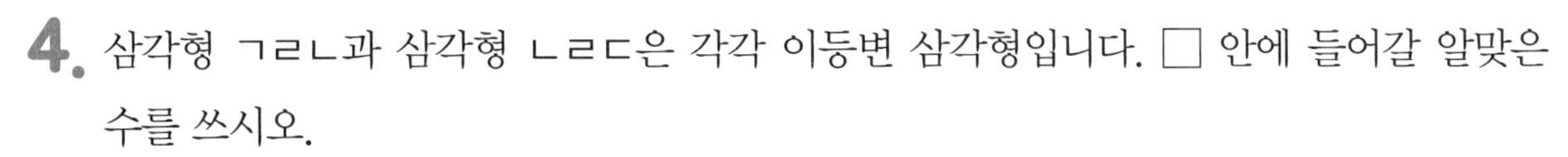

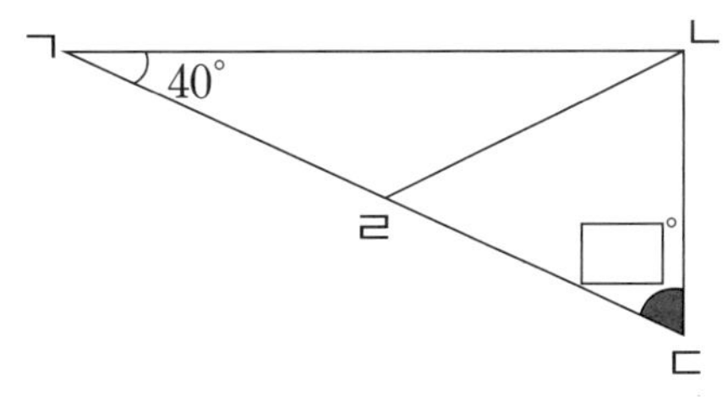

5. 그림에서 ㉠과 ㉡의 합을 구하고 해결 과정도 쓰시오.

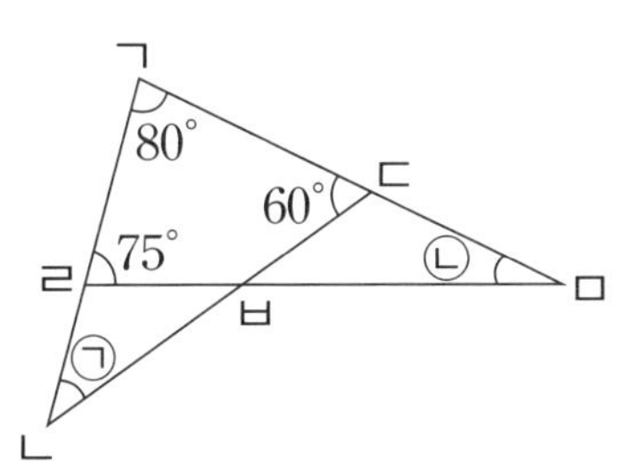

6. 삼각형 ㄱㄴㄷ은 정삼각형입니다. 빈칸에 들어갈 수 또는 말을 순서대로 쓰시오.

각 ㄹㄱㄴ의 크기는 □°이고, 삼각형 ㄱㄴㄹ은 변의 길이에 따라 분류하면 □삼각형이고, 각의 크기에 따라 분류하면 □삼각형입니다.

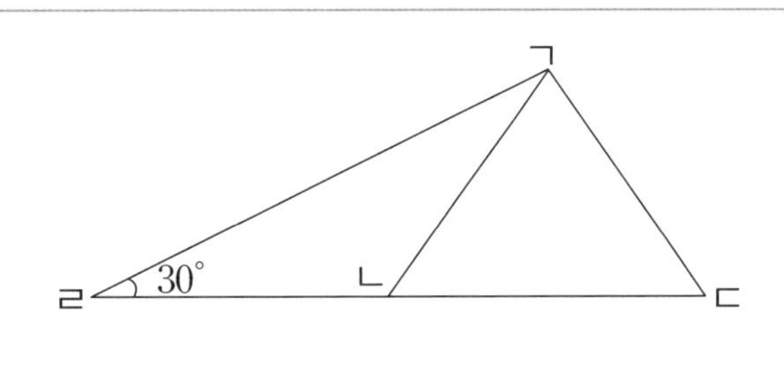

1. 보기에서 설명하는 수의 $\frac{1}{10}$을 구하시오.

[보기]

십의 자리 숫자가 2, 일의 자리 숫자가 3, 소수 첫째 자리 숫자가 5, 소수 둘째 자리 숫자가 8인 소수 두 자리 수

2. 보기의 ㉠과 ㉡을 각각 소수로 나타내었을 때, ㉠과 ㉡의 합과 차를 구하시오.

[보기]

㉠: 1이 4개, $\frac{1}{10}$이 7개, $\frac{1}{100}$이 18개인 수

㉡: 1이 3개, $\frac{1}{10}$이 19개, $\frac{1}{100}$이 5개인 수

,

3. 길이가 6.24 m인 끈 3개와 길이가 2.05 m인 끈 3개를 2개씩 일부 겹치도록 가로로 이어 붙였습니다. 겹쳐진 부분의 길이가 모두 11 cm씩이라면 이은 전체 끈의 길이는 몇 m입니까?

4. 삼각형 ㄱㄴㄷ의 세 변의 길이의 합을 구하시오.

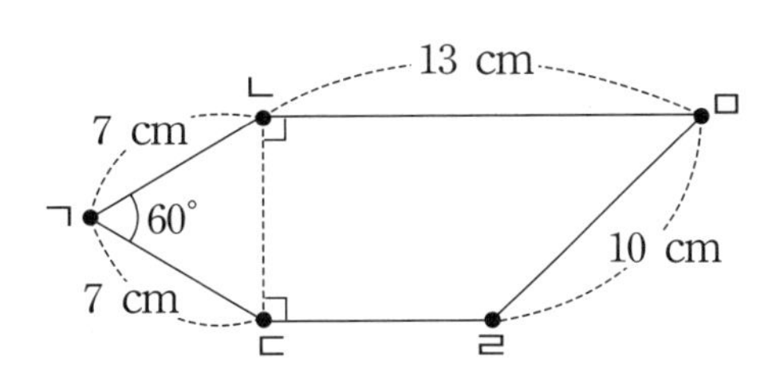

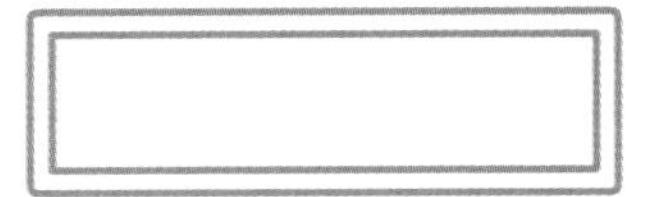

5. 다음 사각형에서 □ 안에 알맞은 수를 써넣고 해결 과정도 쓰시오.

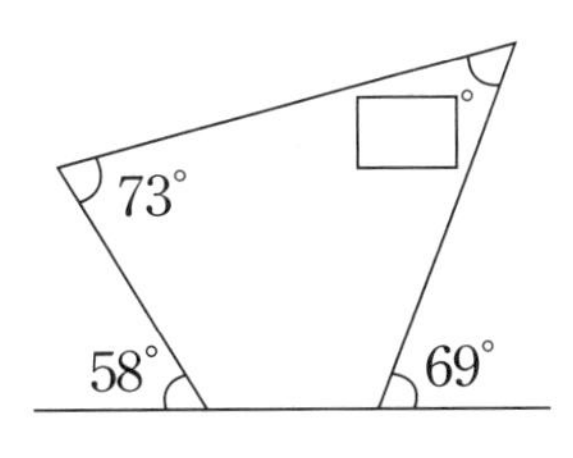

6. 정육각형의 한 각의 크기는 몇 도인지 구하려고 합니다. 정육각형을 삼각형으로 나누어 삼각형의 세 각의 크기의 합을 이용하여 구하는 방법을 설명하시오.

자기주도 학습 체크리스트

- 자기주도 학습 체크리스트에 공부 계획을 세워 보세요.
- 강의를 듣기 전에 먼저 스스로 생각하며 풀어 보세요.
- 선생님의 친절한 강의를 들을 때는 질문에 대답해 가며 강의에 참여하세요.
- 강의를 듣는 데는 30분이면 충분해요.
- 공부를 마치고 확인란에 체크해 주세요.
- 계획을 잘 실천한 자신을 칭찬해 주세요.

영상	단원	제목	계획일	확인
11	수학비밀 01	퍼즐의 기호 추리하기		
	수학비밀 02	화살표 퍼즐 완성하기		
12	수학비밀 03	식 만들기		
13	수학비밀 04	가면을 쓴 숫자 추리하기		
	수학비밀 05	복면산 해결하기		
14	수학비밀 06	알파벳을 돌리고 뒤집고		
	수학비밀 07	한글을 돌리고 뒤집고		
15	수학비밀 08	원의 탐구		
	수학비밀 09	원의 지름과 반지름의 관계		
16	수학비밀 10	순서 정하기		
17	수학비밀 11	톱니바퀴의 방향		
18	수학비밀 12	라틴 방진 해결하기		
19	수학비밀 13	다람쥐 방 퍼즐(1)		
20	수학비밀 13	다람쥐 방 퍼즐(2)		
	수학비밀 14	다람쥐 방 퍼즐의 해결 전략		
21	수학비밀 15	논리 추리		
	수학비밀 16	숫자 추리		
22	수학비밀 17	자석 배치 퍼즐의 해결 전략		
	수학비밀 18	여러 가지 자석 배치 퍼즐		
23	수학비밀 19	분수의 크기		
24	수학비밀 20	크기가 같은 분수들		
	수학비밀 21	부분과 전체		
25	수학비밀 22	분수의 크기 비교		

영상	단원	제목	계획일	확인
26	수학비밀 23	분수의 덧셈		
	수학비밀 24	분수의 뺄셈		
27	수학비밀 25	1보다 큰 분수		
	수학비밀 26	분수의 변신		
28	수학비밀 27	수직선 위에 표시하기		
	수학비밀 28	크기 순으로 나열하기		
29	수학비밀 29	나눗셈의 방법		
	수학비밀 30	나눗셈의 재미있는 성질		
30	수학비밀 31	숨겨진 비밀 찾기		
31	수학비밀 32	같은 수를 두 번 곱한 수		
	수학비밀 33	같은 수를 여러 번 곱한 수		
32	수학비밀 34	짝수와 홀수		
	수학비밀 35	경기에서의 짝수와 홀수		
33	수학비밀 36	시계 속의 규칙		
	수학비밀 37	시간 속의 규칙		
34	수학비밀 38	그림 속의 규칙		
35	수학비밀 39	수 배열 규칙		
36	수학비밀 40	피라미드 속의 규칙		
37	수학비밀 41	달력 속의 규칙		
38	수학비밀 42	돌고 도는 규칙		
39	수학비밀 43	표 만들기 I		
	수학비밀 44	표 만들기 II		
40	수학비밀 45	예상하고 확인하기		

와이즈만
영재탐험 수학

수학 비밀 01 퍼즐의 기호 추리하기

1. 퍼즐을 보고 물음에 답해 봅시다.

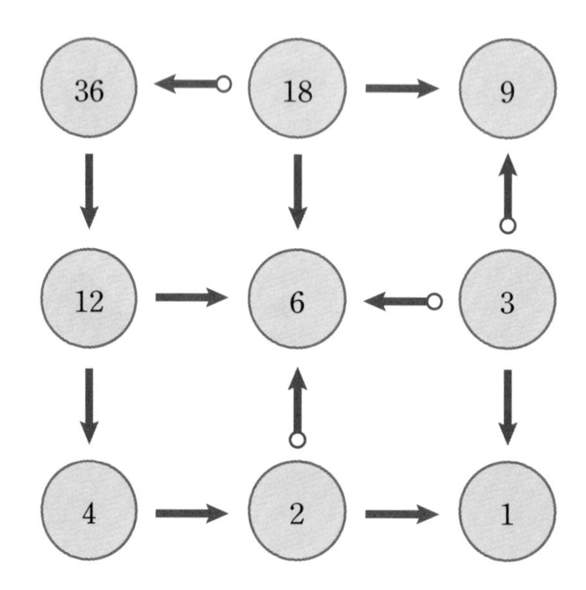

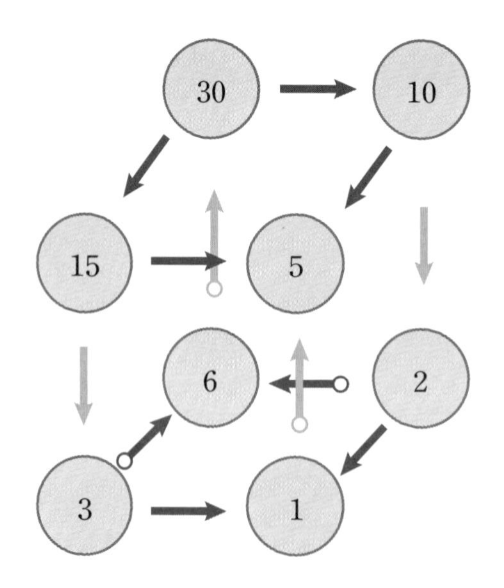

(1) 각 화살표의 약속된 의미를 표에 정리해 봅시다.

화살표	의미

(2) 퍼즐에서 두 가지 모양과 세 가지 색깔의 화살표가 사용되었습니다. 화살표의 종류와 약속된 의미를 각각 써 봅시다.

(3) 퍼즐에서 화살표들은 사칙연산 기호(+, −, ×, ÷)와 어떤 다른 점이 있는지 써 봅시다.

수학 비밀 02 화살표 퍼즐 완성하기

1. 수학 비밀 01 에서 알아낸 각 화살표의 약속된 의미를 이용하여 다음 퍼즐을 해결해 봅시다.

(1)

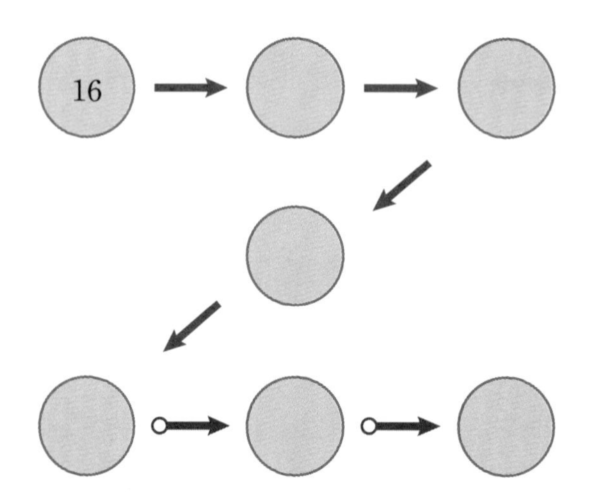

(2)

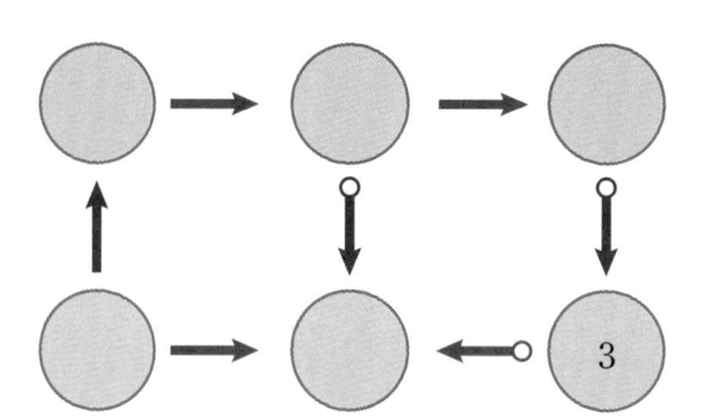

(3)

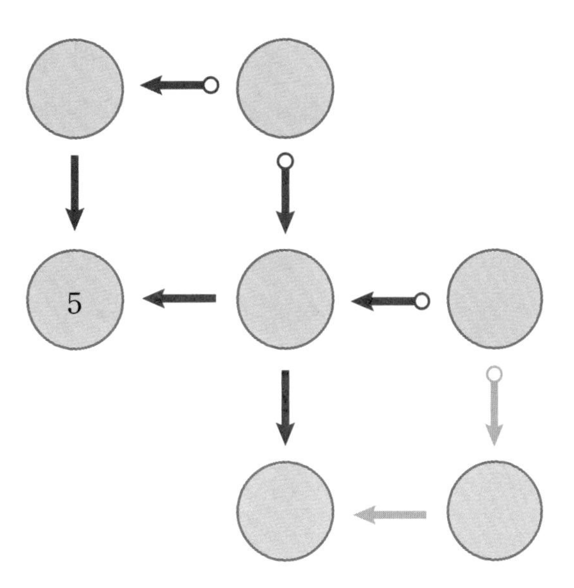

수학 비밀 03 식 만들기

1. ▢ 안에 적힌 모든 수를 한 번씩만 사용하고 ◯ 안에 적힌 연산 기호 중에서 몇 개를 골라 계산하여 답이 ◯ 안에 적힌 수가 되는 식을 만들어 봅시다.

(1)

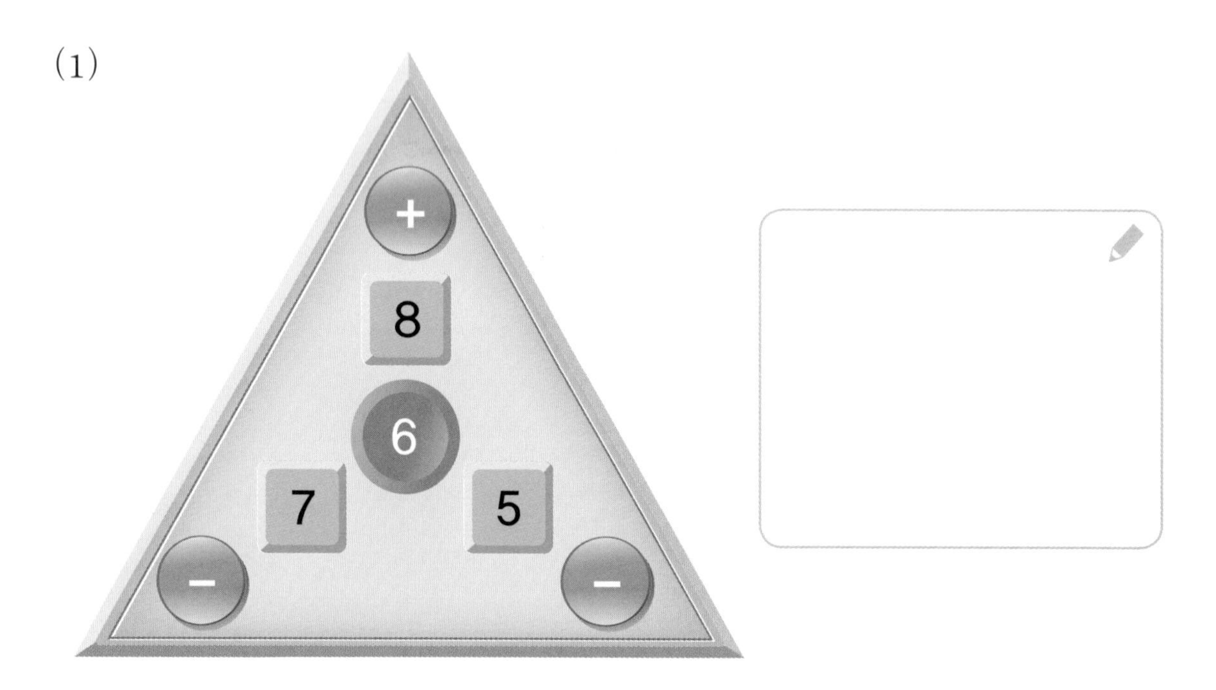

(2)

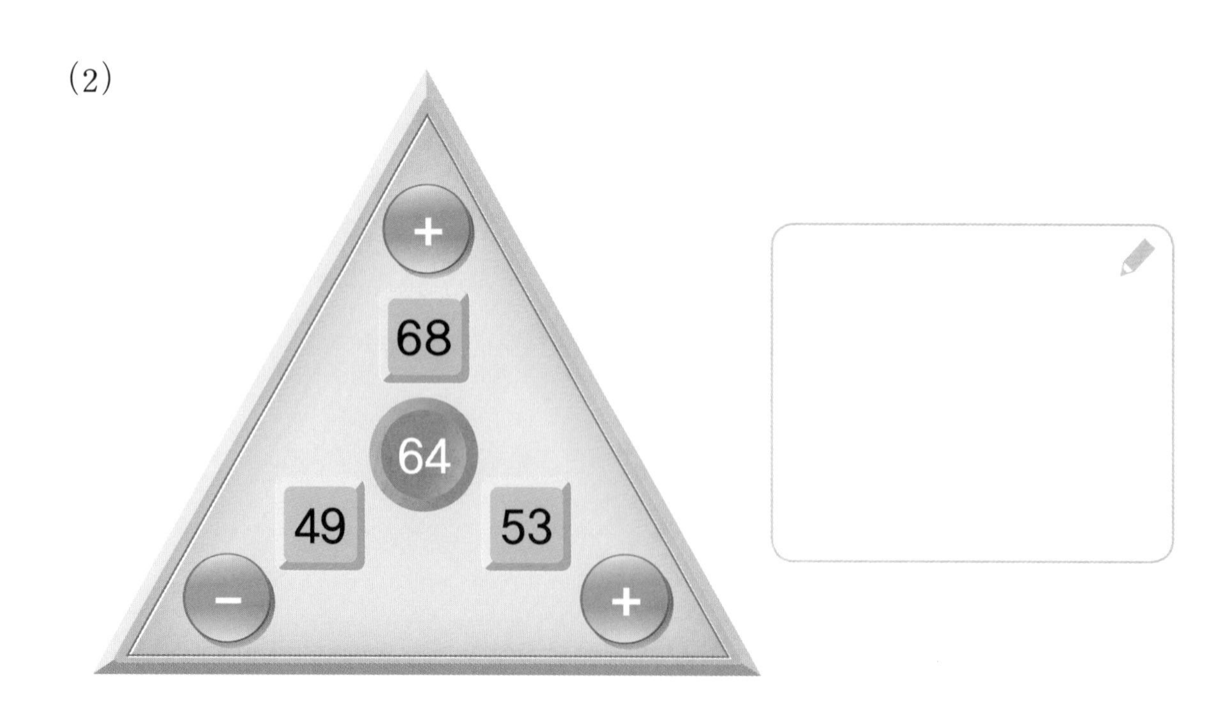

(3)

(4)

2. 조금 더 어려운 문제를 해결해 봅시다.

(1)

(2)

수학비밀 04 가면을 쓴 숫자 추리하기

1. 각 알파벳이 어떤 숫자를 의미하는지 알아맞혀 봅시다. (단, 같은 알파벳은 같은 숫자, 다른 알파벳은 다른 숫자를 의미합니다.)

$$ABB + CBB = CBBB$$

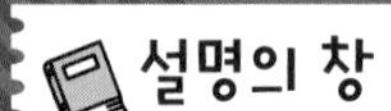

복면산

복면(覆面)은 가면이란 뜻입니다. 즉, 숫자들이 모두 가면을 쓰고 있어서 숫자를 바로 알 수 없는 수식 퍼즐을 복면산(覆面算)이라고 합니다. 복면산에서 같은 가면을 쓴 숫자는 같은 숫자입니다.

SEND + MORE = MONEY

복면산은 모두 한 눈에 어떤 숫자인지 알 수 없지만 곰곰이 생각하여 각 숫자들의 관계를 따져 보면 숫자들을 알아낼 수 있는 숫자 퍼즐입니다.

2. 복면산에서 같은 기호는 같은 숫자, 다른 기호는 다른 숫자를 의미합니다. 복면산을 보고 물음에 답해 봅시다.

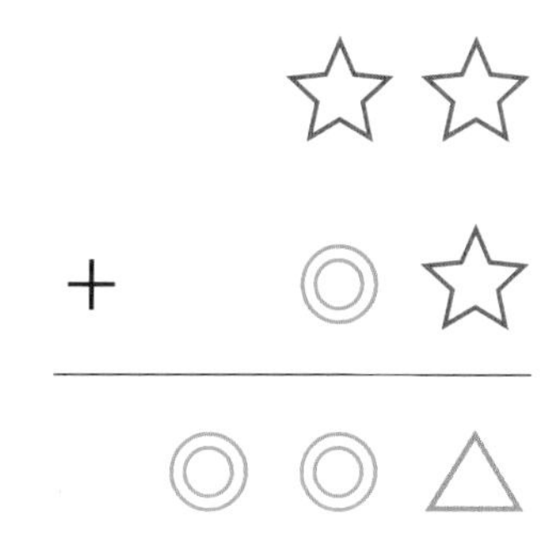

(1) 기호가 의미하는 숫자를 가장 먼저 알 수 있는 기호는 무엇입니까? 그 이유를 써 봅시다.

(2) 복면산을 해결해 봅시다.

수학 비밀 05 복면산 해결하기

1. 복면산을 보고 물음에 답해 봅시다.

```
    ◎ ☆ ◇
 −  ◇ ☆ ◎
 ──────────
    ◇ ◎ ☆
```

(단, ◇ < ☆ < ◎)

(1) ◎가 의미하는 숫자는 얼마인지 구하고 그 이유를 이야기해 봅시다.

(2) 복면산을 해결해 봅시다.

2. 복면산을 해결하고, 해결 과정을 써 봅시다.

```
     ◎ ☆ ◎
+    ◎ ☆ △
-----------
  △ △ ◇ ☆
```

수학비밀 06 알파벳을 돌리고 뒤집고

1. 다음은 26개의 알파벳 그림입니다. 알파벳을 여러 방향으로 돌려 보면서 다음을 해결해 봅시다.

A B C D E F G

H I J K L M N

O P Q R S T U

V W X Y Z

(1) 알파벳을 기호에 따라 돌렸을 때 또 다른 알파벳이 되는 알파벳은 무엇입니까?

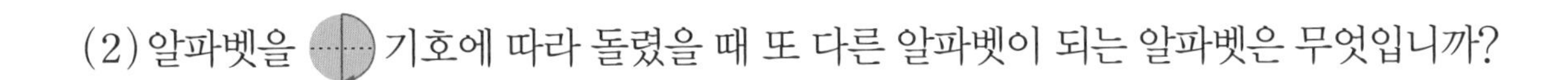

(2) 알파벳을 기호에 따라 돌렸을 때 또 다른 알파벳이 되는 알파벳은 무엇입니까?

(3) 알파벳을 , , , 중 어떤 기호에 따라 돌려도 항상 자신과 같은 모양이 되는 알파벳은 무엇입니까?

평면도형 돌리기

- : 오른쪽으로 직각만큼 돌리기
- : 오른쪽으로 직각의 2배만큼 돌리기
- : 오른쪽으로 직각의 3배만큼 돌리기
- : 오른쪽으로 한 바퀴 돌리기

2. 알파벳을 여러 방향으로 뒤집어 보면서 다음을 해결해 봅시다.

(1) 알파벳을 오른쪽으로 뒤집었을 때 그대로인 알파벳은 무엇입니까?

알파벳을 오른쪽으로 뒤집었을 때와 왼쪽으로 뒤집었을 때 어떤 차이가 있는지 써 봅시다.

(2) 알파벳을 아래로 뒤집었을 때 그대로인 알파벳은 무엇입니까?

알파벳을 아래로 뒤집었을 때와 위로 뒤집었을 때 어떤 차이가 있는지 써 봅시다.

수학비밀 07 한글을 돌리고 뒤집고

1. 보기와 같이 거울을 놓았을 때, 원래 글자와 거울에 보이는 글자가 같은 경우를 가능한 많이 찾아봅시다.

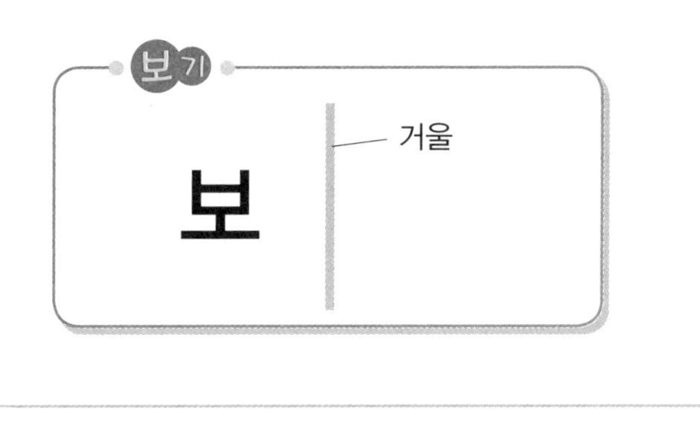

2. 글자를 반 바퀴 돌렸을 때, 원래 글자와 보이는 글자가 같은 경우를 가능한 많이 찾아봅시다.

수학 비밀 08 원의 탐구

1. 다음은 곡선으로 이루어진 도형을 모아 놓은 것입니다.

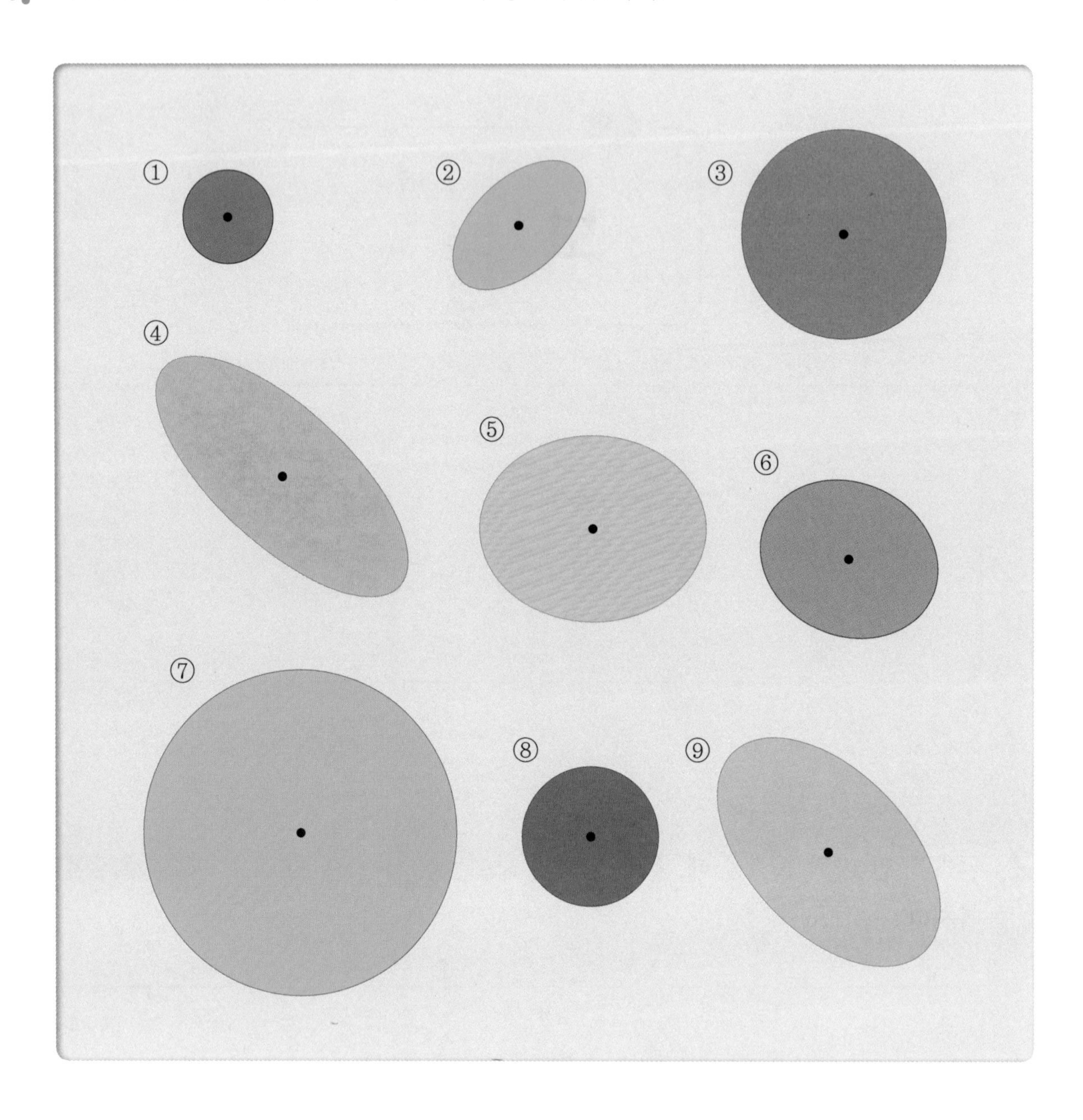

(1) 도형들을 (가)와 (나) 두 묶음으로 나누어 보고, 어떤 점이 다른지 써 봅시다.

(가)	(나)

(2) 도형 안의 점과 바깥의 곡선까지의 거리가 일정한 도형을 찾아 적어 봅시다.

설명의 창

원

평면의 한 점으로부터 일정한 거리에 있는 점들로 이루어진 도형을 원이라고 합니다.

· 원에서 점 ㅇ을 원의 중심이라고 합니다.
· 원의 중심 ㅇ과 원 위의 한 점 ㄱ을 이은 선분 ㄱㅇ을 원의 반지름이라고 합니다.
· 원의 중심을 지나는 선분 ㄱㄴ을 원의 지름이라고 합니다.
· 한 원에서 지름은 모두 같습니다.

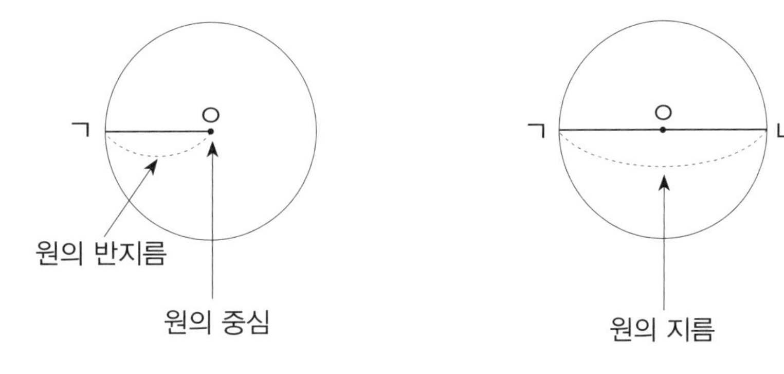

수학 비밀 09 원의 지름과 반지름의 관계

1. 다음은 크기가 같은 원 여러 개를 그린 것입니다.

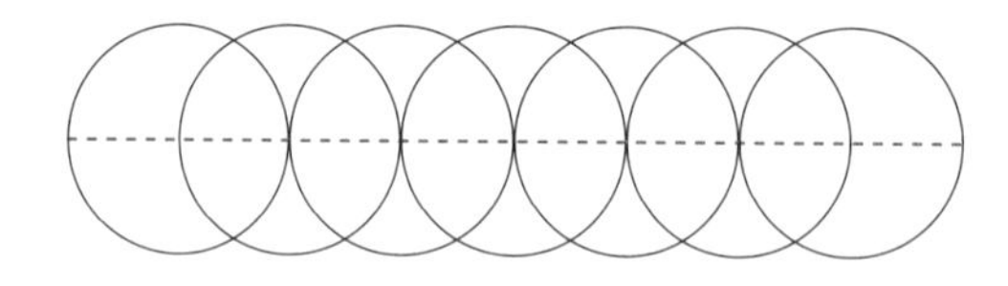

(1) 모든 원의 중심을 지나는 빨간색 점선의 길이는 원의 지름 몇 개와 같습니까?

(2) 빨간색 점선의 길이는 원의 반지름 몇 개와 같습니까?

알 수 있는 사실을 찾아 써 봅시다.

2. 다음과 같이 크기가 같은 원 5개를 이어서 그 원에 꼭 맞도록 직사각형을 그렸습니다.

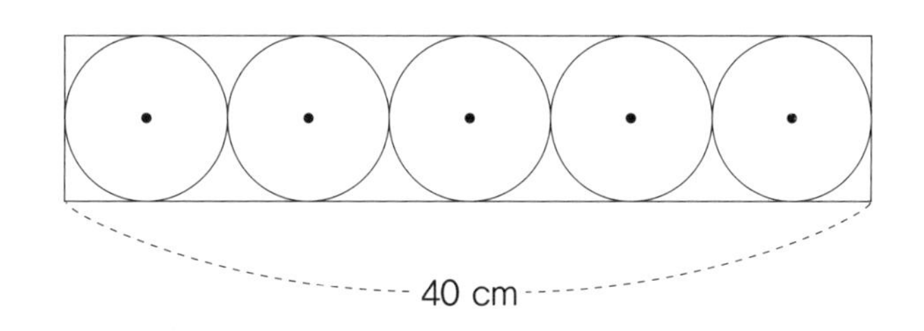

(1) 직사각형의 가로는 원의 반지름 몇 개와 같습니까?

(2) 직사각형의 세로는 원의 반지름 몇 개와 같습니까?

(3) 원의 반지름과 직사각형의 세로를 구해 봅시다.

수학 비밀 10 순서 정하기

1. 다음 그림을 연결하는 낱말을 넣어 이야기를 만들어 봅시다.

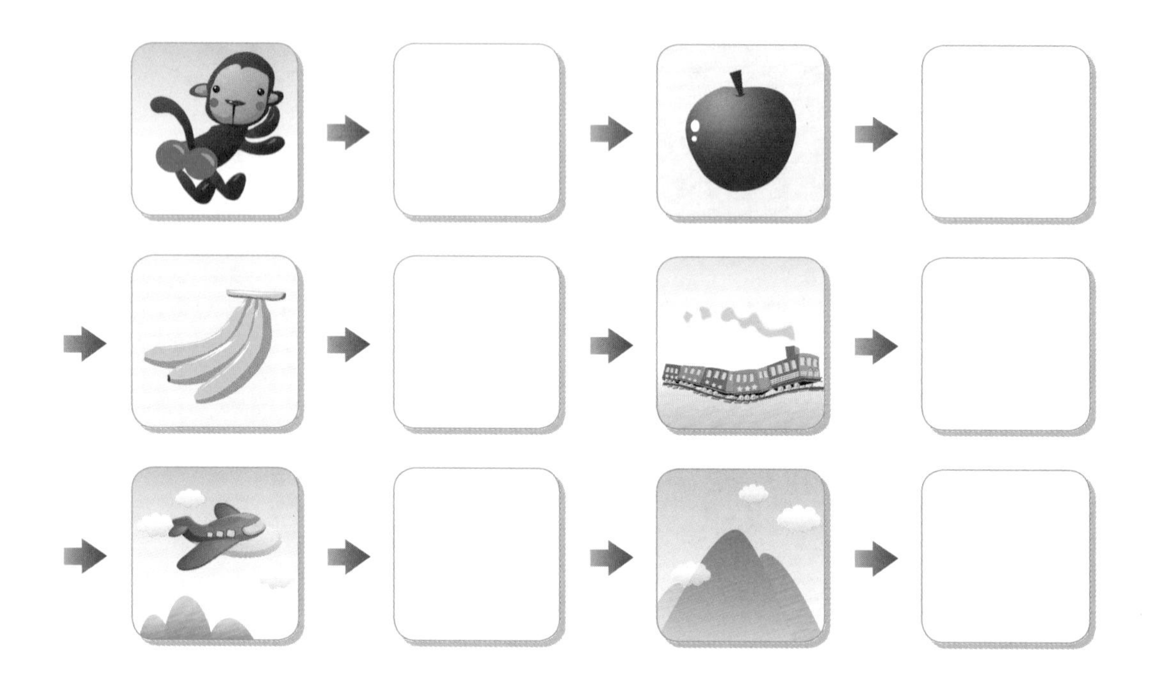

2. 두 낱말이 이어질 수 있도록 중간에 들어갈 수 있는 낱말을 찾아봅시다.

(1) '봄'이라는 낱말에서 시작하여 '책'으로 끝나도록 중간에 들어갈 수 있는 낱말을 찾아 빈칸을 채워 봅시다.

봄 → ☐ → ☐ → ☐ → 책

(2) '가을'이라는 낱말에서 시작하여 '운동회'로 끝나도록 중간에 들어갈 수 있는 낱말을 찾아 빈칸을 채워 봅시다.

가을 → ☐ → ☐ → ☐ → 운동회

3. 다음은 창의의 그림일기의 일부분입니다. 순서를 생각하여 ◯ 안에 알맞은 번호를 쓰고, 이야기를 만들어 봅시다.

수학비밀 11 톱니바퀴의 방향

1. 창의와 지혜는 그림과 같은 모양의 톱니바퀴와 체인을 보고, 다음과 같이 말했습니다.

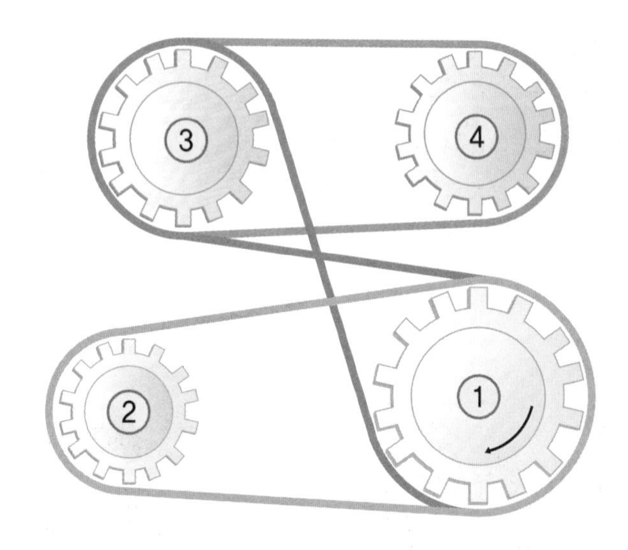

③번 바퀴는 시계 방향으로 돌고, ④번 바퀴는 시계 반대 방향으로 돌아가고 있어!

(1) 창의와 지혜가 한 말은 모두 사실일까요? 자신의 생각을 써 봅시다.

(2) 창의와 지혜가 한 말 중에서 잘못된 곳이 있다면 바르게 고쳐 봅시다.

다음 그림과 같이 체인을 연결하였다면 노란색 톱니바퀴는 어느 방향으로 돌아갈지 그림에 화살표로 표시해 봅시다.

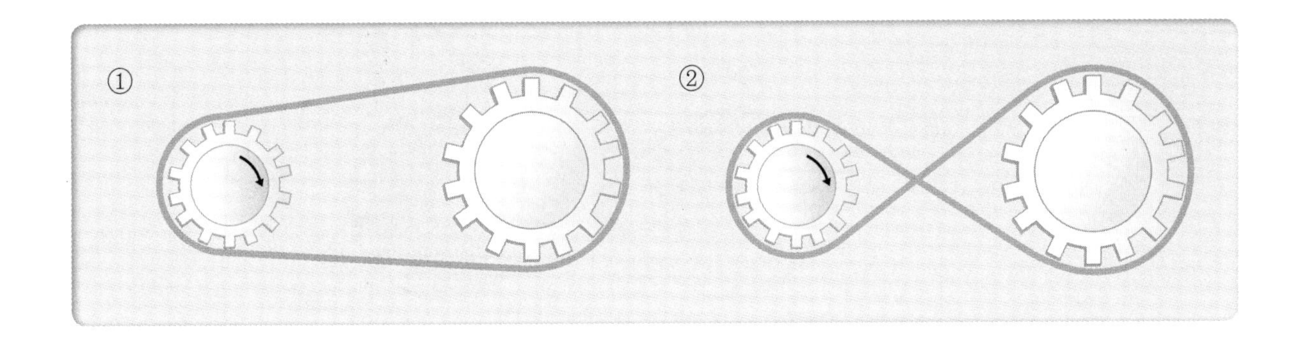

2. 빨간색 톱니바퀴가 화살표 방향으로 돌아갈 때, 파란색, 주황색, 초록색 톱니바퀴들은 각각 어느 방향으로 돌아가는지 화살표로 표시해 봅시다.

(1)

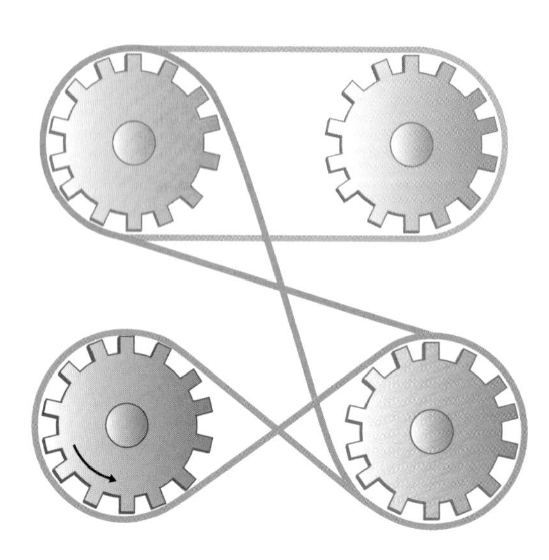

(2)

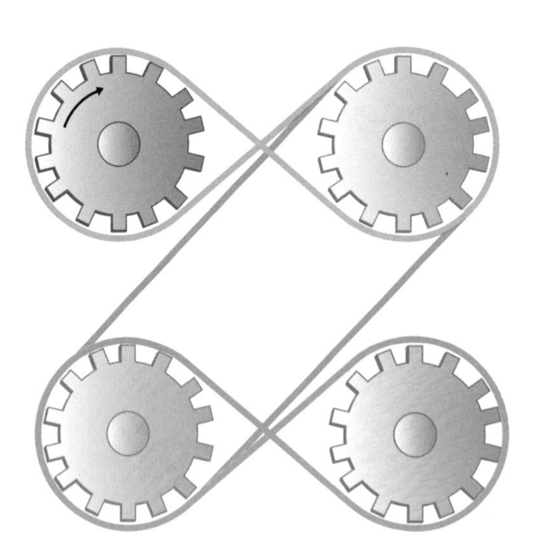

3. 톱니바퀴가 정해진 방향으로 돌아가게 하려고 합니다. 주어진 체인의 개수만큼 사용하여 톱니바퀴를 연결해 봅시다.

(1) 체인 3개

(2) 체인 4개

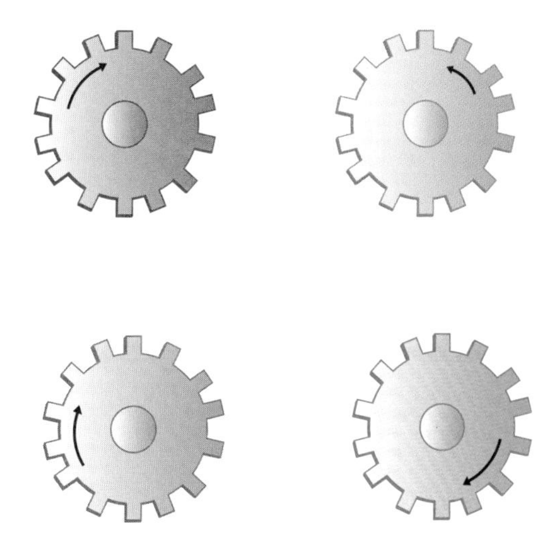

수학 비밀 12 라틴 방진 해결하기

1. 다음은 라틴방진을 만드는 방법입니다.

표의 모든 가로줄, 세로줄에는 1, 2, 3, 4가 각각 한 번씩만 들어갑니다.

예

1	2	3	4
4	3	2	1
2	1	4	3
3	4	1	2

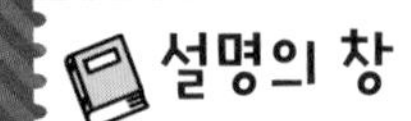

라틴방진

1782년, 수학자 오일러는 한 논문에서 다음과 같은 문제를 제시하였습니다.
"6개의 부대가 있는데 각 부대마다 6명씩, 모두 36명의 장군을 뽑았습니다. 이 장군들을 6×6방진에 배열하는데 각 가로줄과 세로줄의 6명이 모두 다른 부대의 장군이 되도록 배열할 수 있을까요?"
오일러는 풀이에서 6개의 부대를 라틴 문자 a, b, c, d, e, f로 표시하였습니다. 이에 따라 사람들은 이 문제를 '라틴방진'이라 부르게 되었습니다.

2. 라틴방진을 해결해 봅시다.

(1)

2			
	3		2
	2	4	
	1		4

(2)

	1		
3	2		
		3	
		4	1

3. 다음 라틴방진의 해결 방법을 알아봅시다.

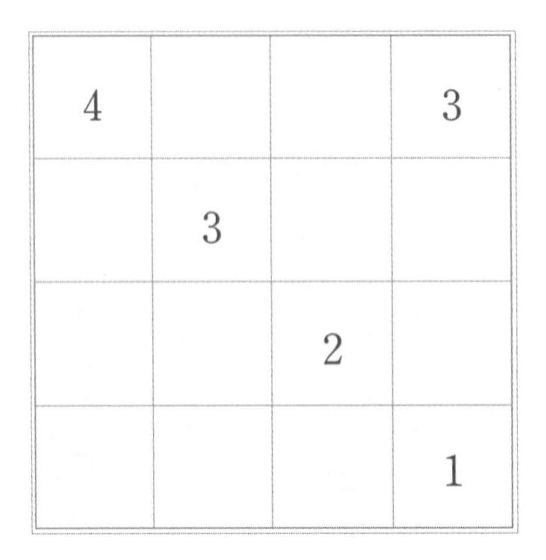

(1) 라틴방진에서 가장 먼저 숫자를 써넣을 수 있는 칸에 숫자를 쓰고, 그 이유를 써 봅시다.

(2) (1)에서 숫자를 써넣은 다음, 숫자를 써넣을 수 있는 다른 칸에 숫자를 넣어 라틴방진을 해결해 봅시다.

4. **3**에서 찾은 해결 방법을 이용하여 다음 라틴방진을 해결해 봅시다.

4			1
		1	
	2		
3			2

5. 다음의 변형된 라틴방진의  을 보고 문제를 해결해 봅시다.

규칙

① 주어진 숫자 카드는 퍼즐판의 한 칸에 1개씩만 놓을 수 있습니다.

② 퍼즐판의 모든 가로줄과 세로줄에는 각각 서로 다른 숫자와 서로 다른 모양의 카드만 놓을 수 있습니다.

예

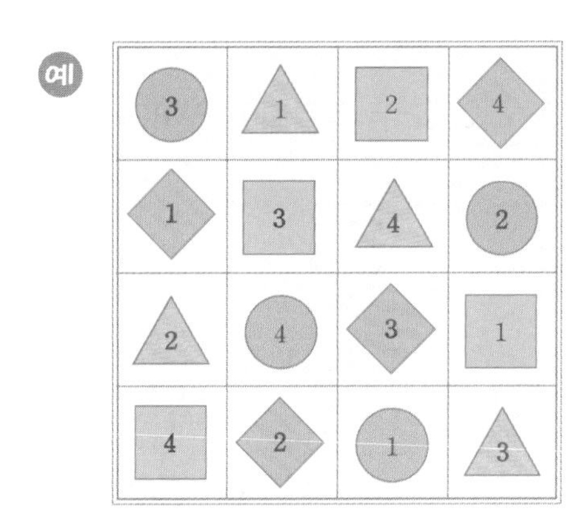

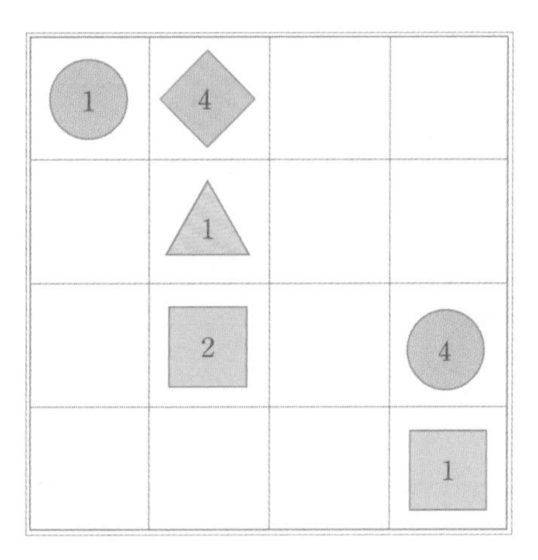

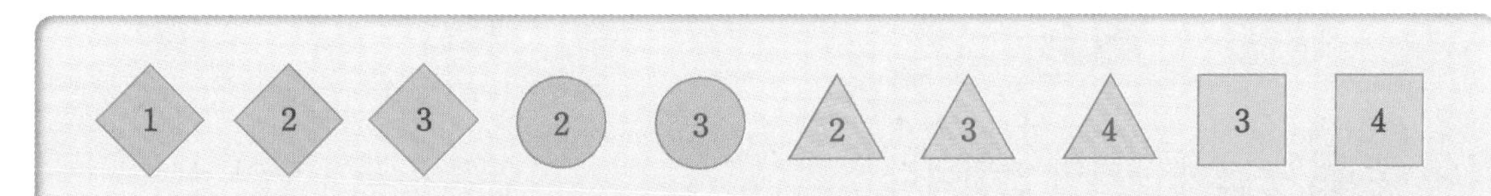

수학 비밀 13 다람쥐 방 퍼즐

다음은 다람쥐 방 퍼즐의  입니다.

규칙

① 숫자들은 그 숫자가 적힌 칸을 포함한 방의 크기, 즉 칸의 개수를 나타냅니다.

② 방과 방 사이에는 ▢를 놓아 통로를 만들어야 합니다.

③ 통로는 한 칸으로만 되어 있고, 모두 연결되어 있어야 합니다.

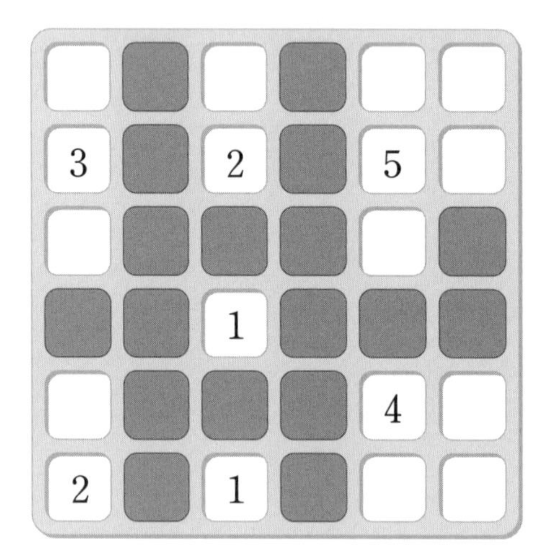

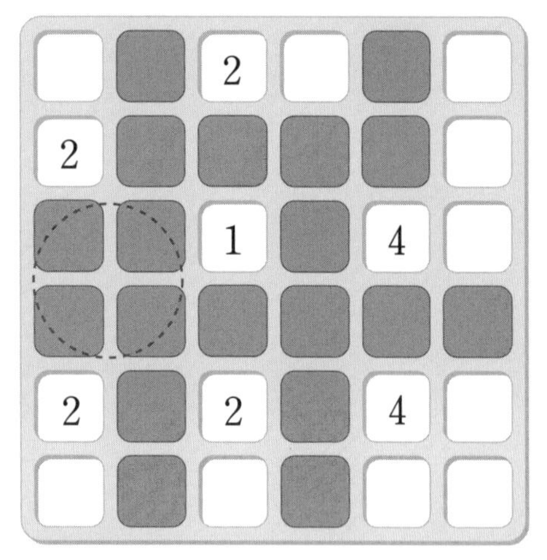

 통로가 생기면 안됩니다.

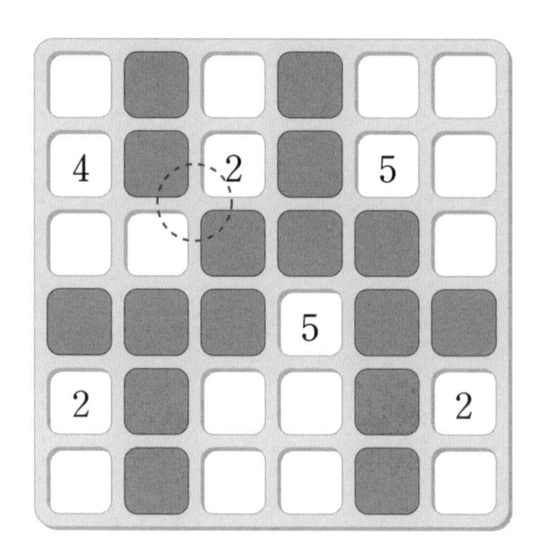

연결이 끊기면 안됩니다.

1. 다음은 창의가 다람쥐 방 퍼즐을 해결한 것입니다.

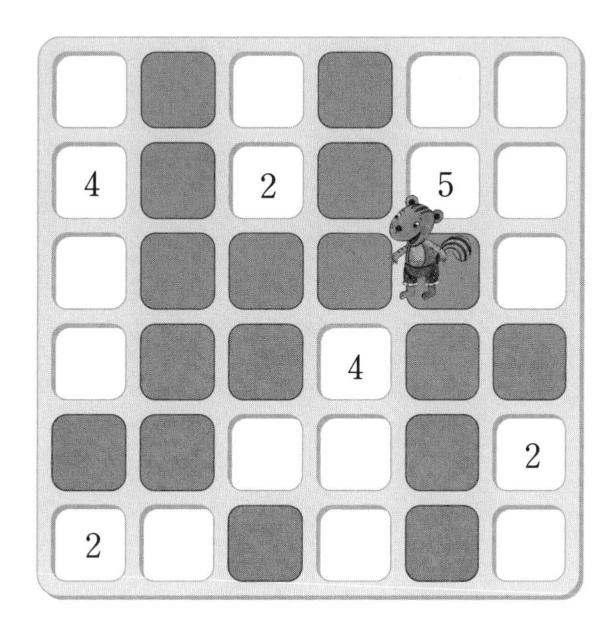

(1) 창의가 해결한 것을 보고, 잘못 해결한 부분을 찾아 ◯표 해 봅시다.

(2) 규칙에 맞도록 퍼즐을 바르게 해결해 봅시다.

2. 다음은 지혜가 다람쥐 방 퍼즐을 해결한 것입니다.

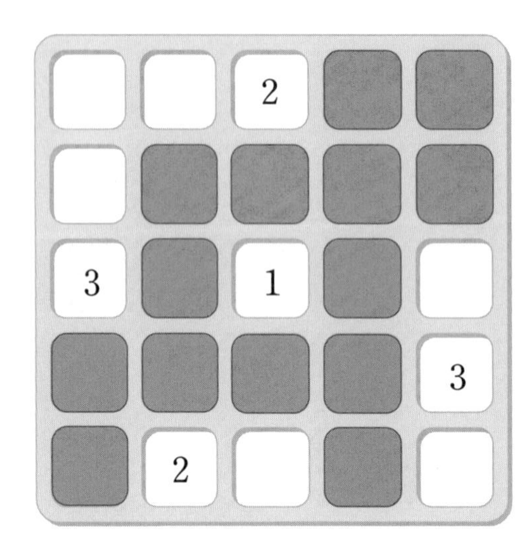

(1) 지혜가 해결한 것을 보고, 잘못 해결한 부분을 찾아 ◯표 해 봅시다.

(2) 규칙에 맞도록 퍼즐을 바르게 해결해 봅시다.

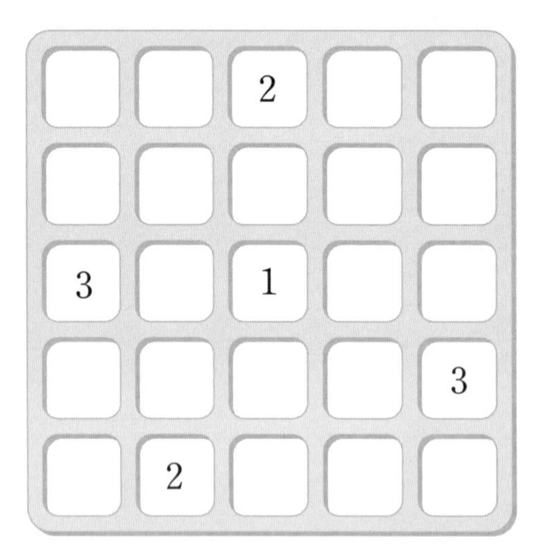

3. 다람쥐 방 퍼즐을 규칙에 맞게 해결해 봅시다.

(1)

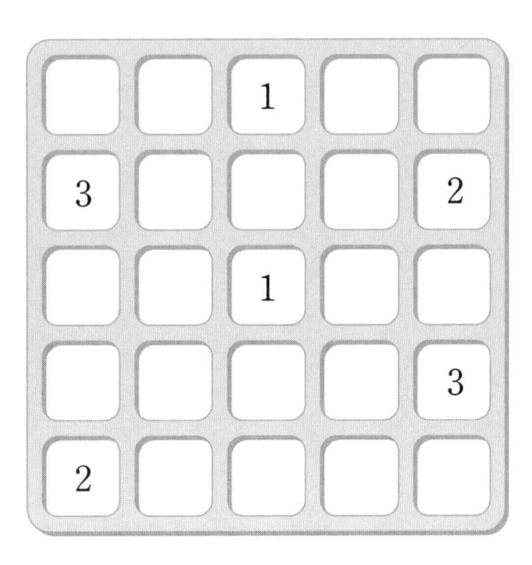

(2)

방인지 통로인지 가장 먼저 알 수 있는 칸은 무엇인지 써 봅시다.

수학 비밀 14 다라쥐 방 퍼즐의 해결 전략

1. 다람쥐 방 퍼즐의 해결 방법을 알아봅시다.

(1) 방인지 통로인지 가장 먼저 알 수 있는 칸은 어느 칸입니까?

(2) 방의 모양을 확실하게 알 수 있는 부분이 있습니까?

(3) 반드시 통로가 되어야 하는 칸을 찾아 색칠해 봅시다.

(4) 퍼즐을 해결해 봅시다. 퍼즐을 해결하면서 사용한 방법도 함께 써 봅시다.

2. **1**에서 찾은 해결 전략을 이용하여 다람쥐 방 퍼즐을 해결해 봅시다.

(1)

(2)

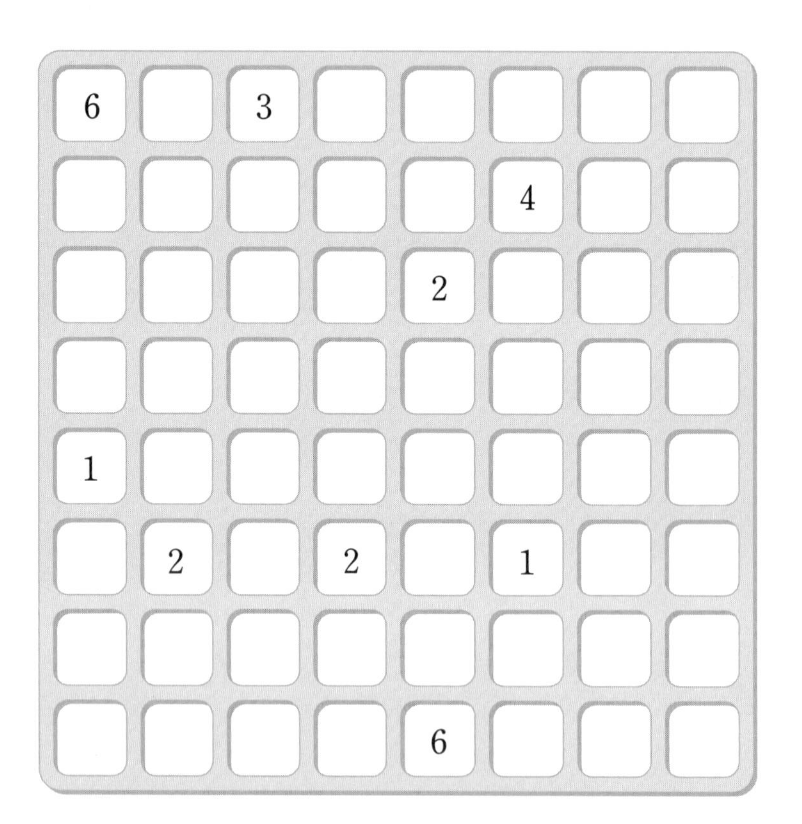

(3)

			3		6		
2		1					
			2			2	
2		2					
				1		4	
	3			2			

논리적으로 생각하기(2)

수학비밀 15 논리 추리

1. 창의, 영재, 슬기는 학교에서 수학 시험을 보았습니다. 세 친구들의 이야기를 듣고 수학 점수가 가장 높은 사람부터 차례로 써 봅시다.

2. 다음 4명의 친구의 대화를 보고 창의, 영재, 지혜, 슬기 중에서 키가 둘째로 작은 사람은 누구인지 구해 봅시다.

수학비밀 16 숫자 추리

1. 창의, 슬기가 '숫자 맞추기 게임'을 하고 있습니다. 창의는 네 장의 숫자 카드 1, 2, 3, 4를 잘 섞은 후, 다음과 같이 숫자가 보이지 않도록 뒤집어 놓았습니다. 창의의 힌트를 보고, 카드에 적힌 수를 알아맞혀 봅시다.

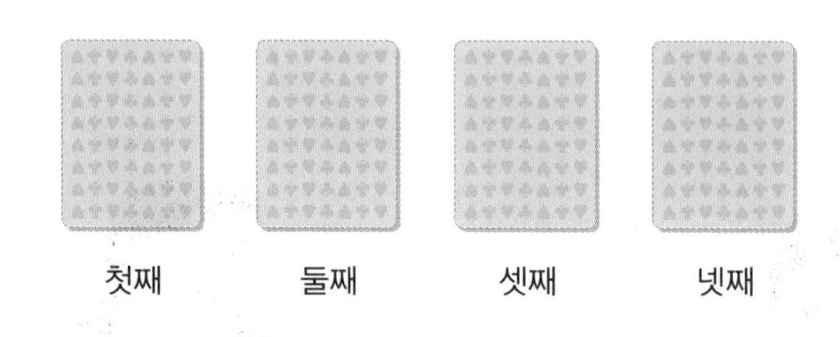

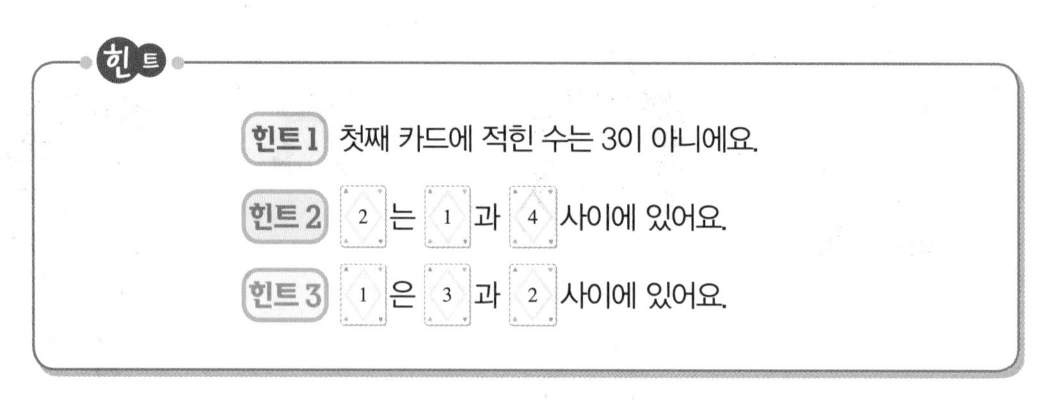

(1) 창의는 힌트 1 에서 어떤 사실을 알았을까요?

(2) 슬기는 힌트 2 와 힌트 3 에서 어떤 사실을 알았을까요?

(3) 알아맞힌 수를 각 카드에 써 봅시다.

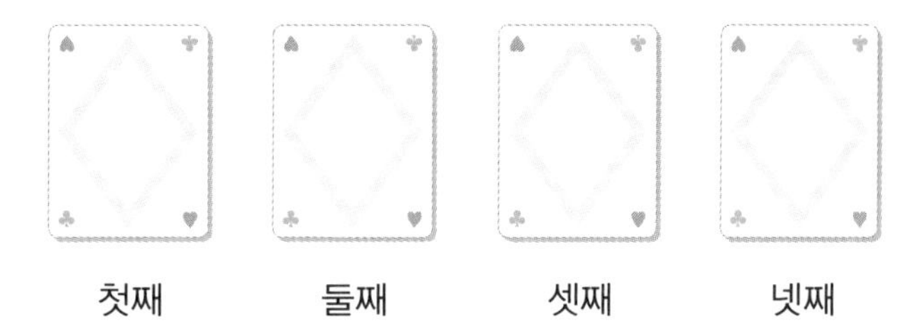

2. 영재와 슬기가 다음과 같이 숫자 추리 문제를 내었습니다.

(1) 영재가 생각하는 네자리 수를 맞혀 봅시다.

내가 생각한 수는 1, 2, 3, 4로
만들어졌어. 천의 자리의 숫자는
4가 아니고 숫자 1은 2와 3 사이에
숫자 3은 4와 1 사이에 있어.
내가 생각한 수는 얼마일까?

(2) 슬기가 생각하는 다섯자리 수를 맞혀 봅시다.

나는 1, 2, 3, 4, 5로 수를 만들었어.
천의 자리의 숫자는 3과 5가 아니고 만의 자리의
숫자는 천의 자리 숫자보다 작지만 백의 자리의
숫자보다는 커. 그리고 일의 자리의 숫자는 만의
자리 숫자보다 크지만, 십의 자리 숫자보다는
작아. 내가 생각하는 수가 무엇인지 알겠지?

수학 비밀 17 자석 배치 퍼즐의 해결전략

와이즈만 박사님이 설명하는 자석 배치 퍼즐을 해결하는 방법을 읽고, 자석 배치 퍼즐을 완성해 봅시다.

자석의 양끝은 각각 +극과 −극을 가진다는 것은 알고 있니?
여러 개의 자석을 빈자리에 놓아가면서 완성하는 퍼즐이란다.
그런데 자석을 놓을 때에는 규칙에 따라 자석을 놓아야만 해. 이 퍼즐판에 써 있는 숫자는 각각의 가로줄과 세로줄에 들어가는 +극과 −극의 개수를 나타내고 있어. 그러니까 빈자리에 자석을 놓을 때, +극과 −극의 개수에 맞게 자석을 놓아야 하는 거야!
그리고, 자석은 같은 극끼리 서로 밀어내니까 +극 옆엔 −극, −극 옆엔 +극만 올 수 있다는 것에 주의해서 자석을 놓아야 해.
마지막으로 자석을 놓을 수 없는 곳도 있어. 그 곳엔 자석 크기의 돌을 놓을 거야. 돌은 그냥 까맣게 색칠해서 표시하도록 하자!

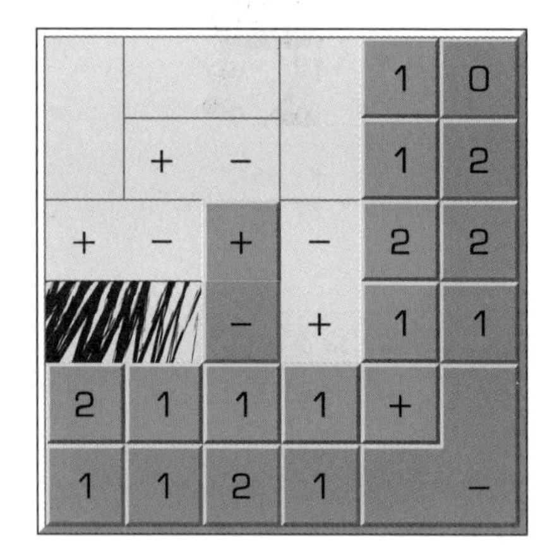

1. 주어진 자석 배치 퍼즐을 해결해 봅시다.

(1)

				2	1
				0	1
				1	1
	−	+		2	2
1	1	1	2	+	
1	2	1	1		−

(2)

				1	1
				2	1
		−	+	1	2
				1	1
2	0	1	2	+	
1	1	2	1		−

2. 다음 자석 배치 퍼즐을 해결해 보면서 퍼즐의 해결 전략을 정리해 봅시다.

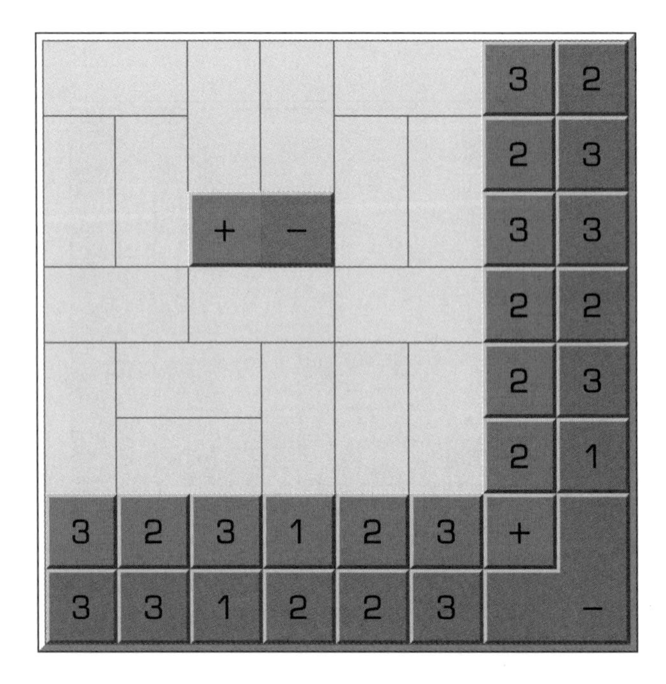

(1) 자석의 극을 가장 먼저 알 수 있는 부분을 표시하고 그렇게 생각한 이유를 써 봅시다.

(2) 자석 배치 퍼즐을 해결하고 해결 방법을 정리해 봅시다.

수학 비밀 18 여러 가지 자석 배치 퍼즐

1. 여러 가지 자석 배치 퍼즐을 해결해 봅시다.

(1)

						3	1
						2	2
			+			2	2
			−			1	3
						2	1
						2	3
3	1	2	3	2	1	+	
3	1	2	2	3	1		−

(2)

								3	3
								4	4
								3	4
				+				3	2
				−				1	2
								2	1
								4	4
								3	3
3	3	3	2	3	3	2	4	+	
2	3	3	2	3	3	4	3		−

수학 비밀 19 분수의 크기

와이즈만 박사님께서는 창의와 영재가 분수 게임을 잘 할 수 있는지 테스트를 하였습니다.

1. 돼지 저금통에 500원짜리 동전이 24개 들어 있습니다. 형에게 동전 전체의 $\frac{1}{4}$만큼, 동생에게 동전 전체의 $\frac{1}{3}$만큼을 주었습니다.

(1) 형이 가진 동전의 개수를 어떻게 구할 수 있을지 써 봅시다.

(2) 형은 얼마를 가질 수 있는지 구해 봅시다.

(3) 동생이 가진 동전의 개수도 구해 봅시다.

2. 다음은 민호의 일기입니다. 민호의 일기에서 분수로 표현된 부분이 지워졌습니다. 빈칸에 알맞은 분수를 써넣어 일기를 완성해 봅시다.

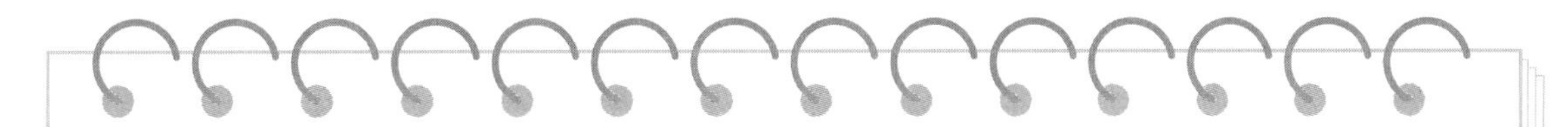

오늘은 주민이의 생일이다. 나는 생일카드를 예쁘게 꾸미기 위해 별 스티커와 하트 스티커를 샀다. 별 스티커는 모두 20개였는데 20개의 ☐인 5개를, 하트 스티커는 18개였는데 18개의 ☐인 3개를 사용했다. 주민이는 내 생일 카드를 받고 매우 좋아했다.

3. **2**의 민호의 일기처럼 다음 주어진 수가 들어가도록 이야기를 만들어 봅시다.

$\frac{1}{3}$, 18, $\frac{1}{4}$, 20

4. 창의와 영재는 와이즈만 박사님께서 만든 분수 게임의 1라운드를 시작했습니다. **Mission**을 성공해 봅시다.

Mission!!

그림과 같이 똑같은 크기의 9가지 색 막대가 있습니다. 자를 이용하여 막대를 주어진 개수만큼 똑같은 크기로 나누시오.

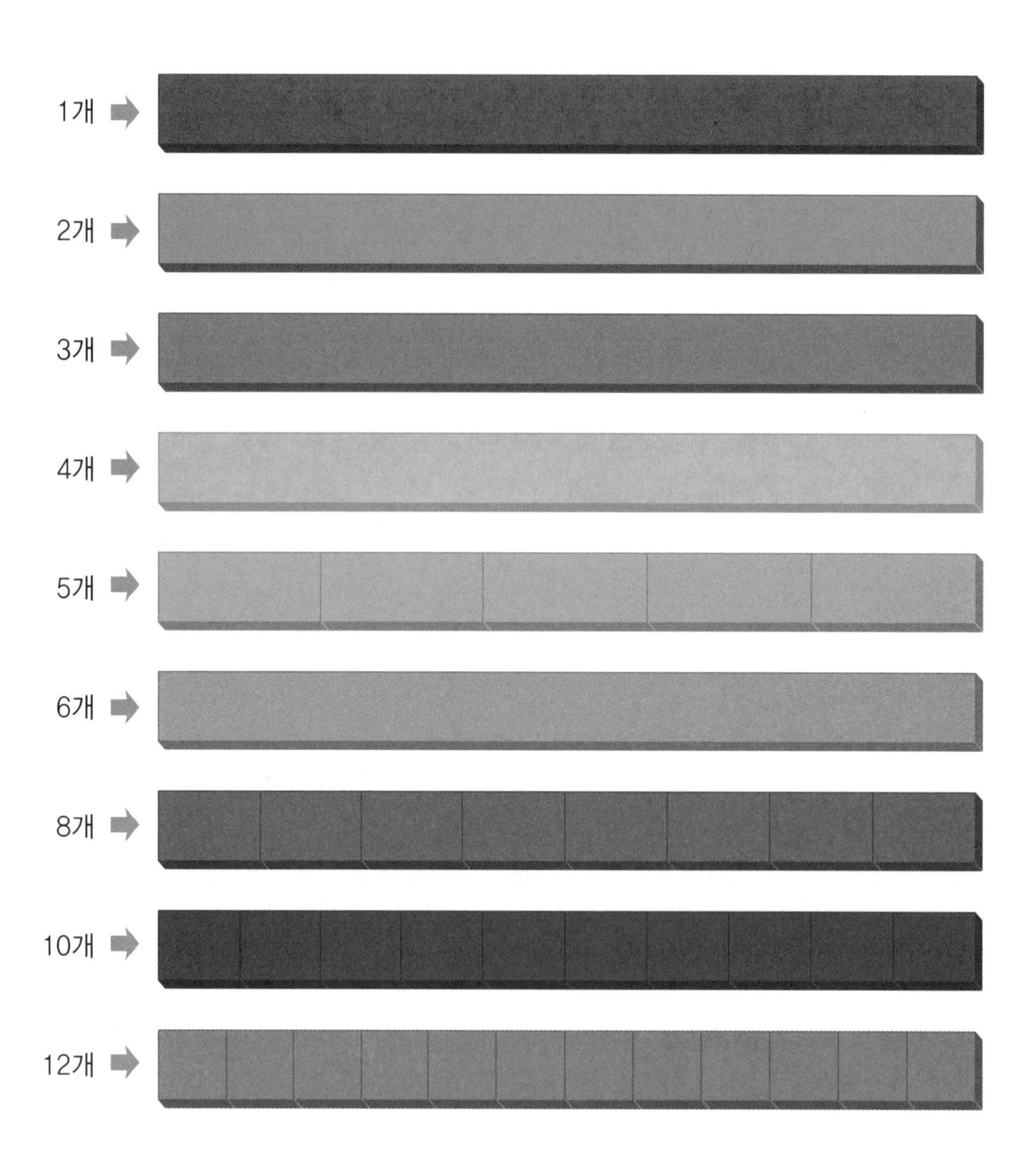

5. 빨간색 막대 1개의 크기는 1입니다.

(1) 분홍색 막대 조각 1개를 빨간색 막대와 비교해 보았을 때, 그 크기는 얼마입니까?

(2) 노란색 막대 조각 1개를 빨간색 막대와 비교해 보았을 때, 그 크기는 얼마입니까?

(3) 초록색 막대 조각 1개를 빨간색 막대와 비교해 보았을 때, 그 크기는 얼마입니까?

(4) 보라색 막대 조각 1개를 빨간색 막대와 비교해 보았을 때, 그 크기는 얼마입니까?

6. 보기 와 같이 각각 크기를 써놓은 분수 막대 조각을 이용하여 주어진 막대의 크기를 알아봅시다.

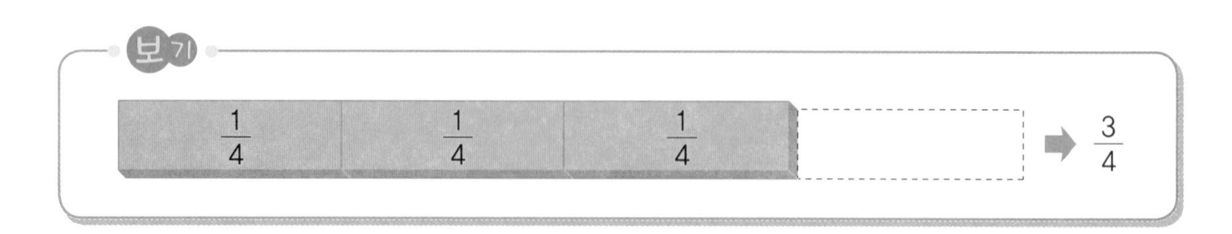

(1)

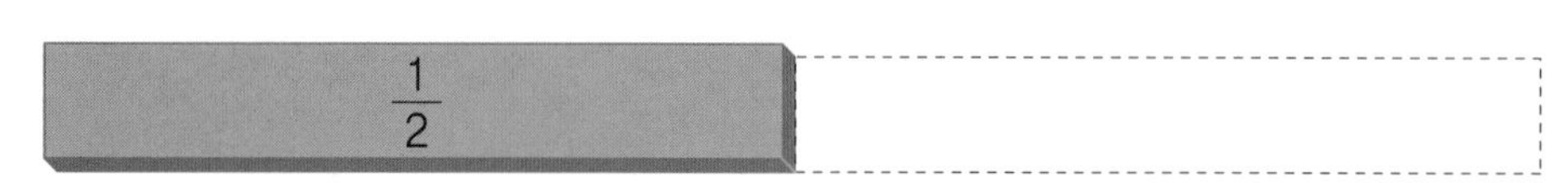

(2)

(3)

$\frac{1}{6}$ $\frac{1}{6}$ $\frac{1}{6}$ $\frac{1}{6}$

(4)

$\frac{1}{8}$ $\frac{1}{8}$ $\frac{1}{8}$ $\frac{1}{8}$ $\frac{1}{8}$

7. 분수 막대 조각의 각각의 크기를 적고, 색 막대 전체의 크기도 분수로 써 봅시다.

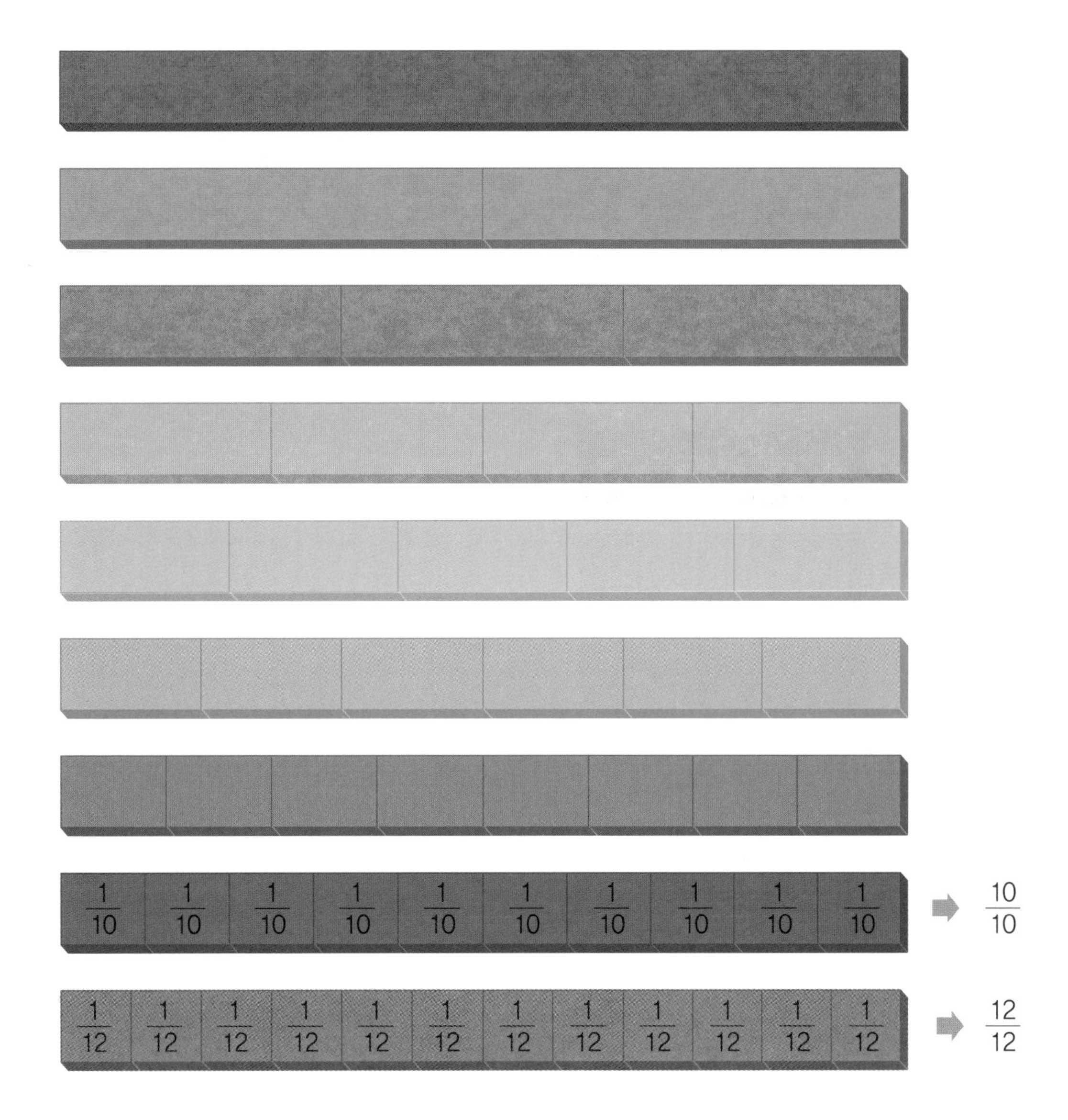

8. **7**의 분수 막대 그림을 보고, 1과 크기가 같은 분수들을 모두 써 봅시다.

1과 크기가 같은 분수의 특징을 정리해 봅시다.

수학 비밀 20 크기가 같은 분수들

준비물 부록(분수 막대)

1. 분수 게임의 2라운드는 분수 막대를 이용해야 합니다. 분수 막대를 이용하여 주어진 분수와 크기가 같은 분수를 찾아 빈칸에 나타내 봅시다.

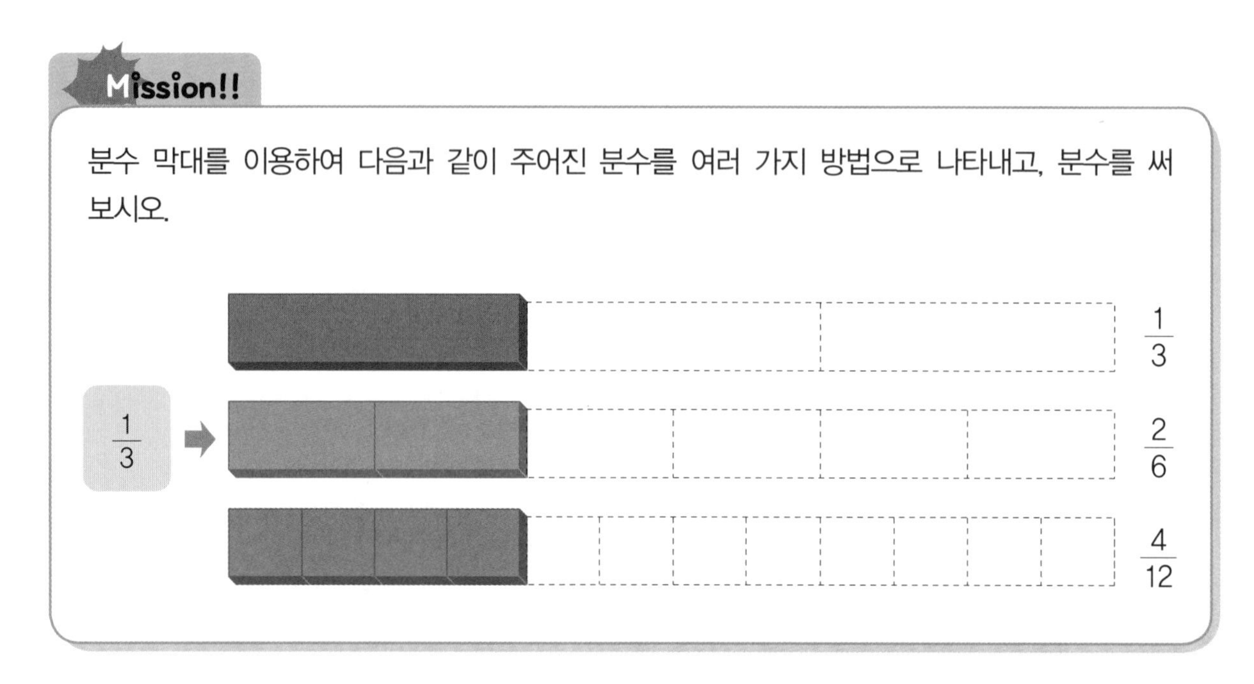

(1)

$\frac{1}{2}$ ➡

(2)

$\frac{2}{3}$ ➡

(3)

$\frac{3}{4}$ ➡

2. **1**에서 크기가 같은 분수들의 분자와 분모에서 규칙을 찾고, 크기가 같은 분수를 만드는 방법을 적어 봅시다.

수학 비밀 21 부분과 전체

창의와 영재는 분수 게임의 3라운드를 시작하였습니다. **Mission**을 잘 읽고, 분수 게임 3라운드에 도전해 봅시다.

Mission!!

부분과 전체의 관계를 파악하여 분수로 표현하시오.

1. 상자에 사과가 모두 20개 들어있습니다. 주어진 개수만큼을 한 묶음으로 하여 사과를 나누었을 때, 한 묶음의 사과는 전체 사과의 얼마인지 분수로 나타내 봅시다.

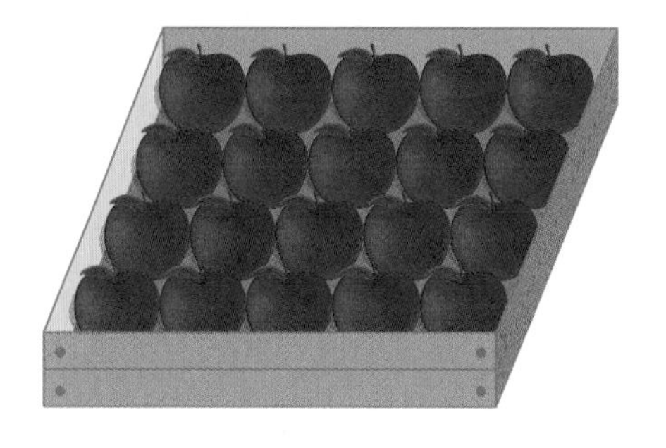

사과의 개수	사과 10개	사과 1개	사과 2개
전체에 대한 분수			

2. 상자에 사과가 모두 40개 들어있습니다. 주어진 개수만큼을 한 묶음으로 하여 사과를 나누었을 때, 한 묶음의 사과는 전체 사과의 얼마인지 분수로 나타내 봅시다.

사과의 개수	사과 10개	사과 1개	사과 2개
전체에 대한 분수			

3. **1**과 **2**에서 발견한 사실을 정리해 봅시다.

4. 가로, 세로 간격이 일정한 점판 위에 크기가 서로 다른 도형이 있습니다.

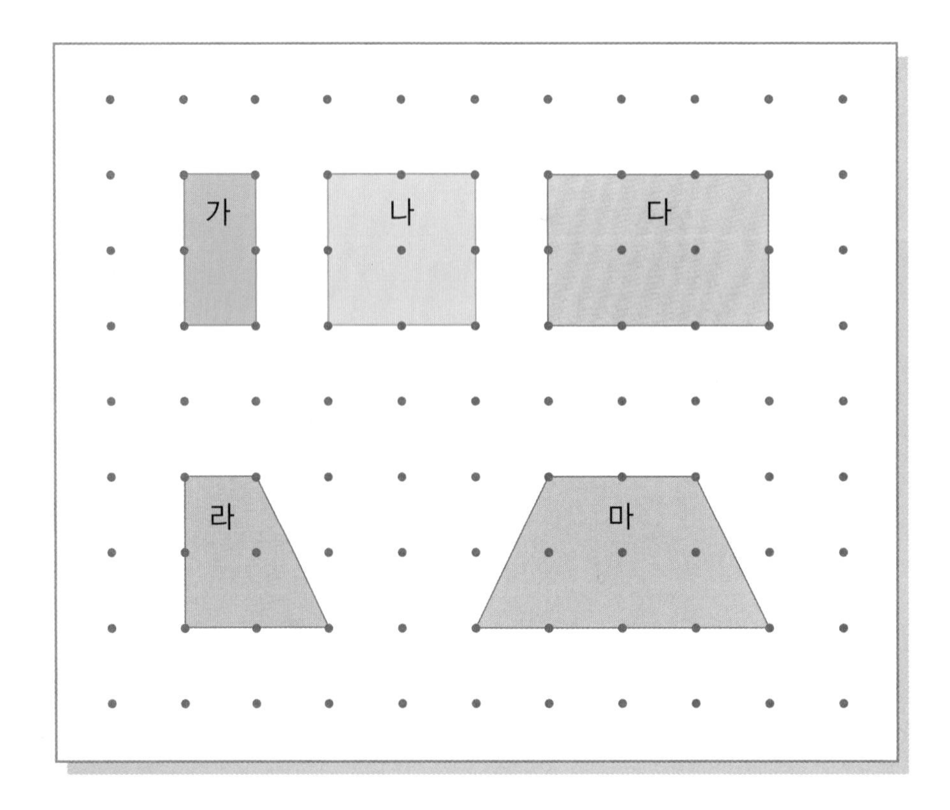

(1) 도형 가의 크기는 도형 나의 크기의 얼마인지 분수로 나타내 봅시다.

(2) 도형 가의 크기는 도형 다의 크기의 얼마인지 분수로 나타내 봅시다.

(3) 도형 라의 크기는 도형 마의 크기의 얼마인지 분수로 나타내 봅시다.

(4) 도형 라의 크기는 도형 나의 크기의 얼마인지 분수로 나타내 봅시다.

(5) 도형 가, 나의 크기는 각각 도형 마의 크기의 얼마인지 분수로 나타내 봅시다.

수학 비밀 22 분수의 크기 비교

1. 분수 막대를 보고, 분수들의 크기를 비교해 봅시다.

1

$\frac{1}{2}$ $\frac{1}{2}$

$\frac{1}{3}$ $\frac{1}{3}$ $\frac{1}{3}$

$\frac{1}{4}$ $\frac{1}{4}$ $\frac{1}{4}$ $\frac{1}{4}$

$\frac{1}{5}$ $\frac{1}{5}$ $\frac{1}{5}$ $\frac{1}{5}$ $\frac{1}{5}$

$\frac{1}{6}$ $\frac{1}{6}$ $\frac{1}{6}$ $\frac{1}{6}$ $\frac{1}{6}$ $\frac{1}{6}$

$\frac{1}{8}$ $\frac{1}{8}$ $\frac{1}{8}$ $\frac{1}{8}$ $\frac{1}{8}$ $\frac{1}{8}$ $\frac{1}{8}$ $\frac{1}{8}$

$\frac{1}{10}$ $\frac{1}{10}$ $\frac{1}{10}$ $\frac{1}{10}$ $\frac{1}{10}$ $\frac{1}{10}$ $\frac{1}{10}$ $\frac{1}{10}$ $\frac{1}{10}$ $\frac{1}{10}$

$\frac{1}{12}$ $\frac{1}{12}$ $\frac{1}{12}$ $\frac{1}{12}$ $\frac{1}{12}$ $\frac{1}{12}$ $\frac{1}{12}$ $\frac{1}{12}$ $\frac{1}{12}$ $\frac{1}{12}$ $\frac{1}{12}$ $\frac{1}{12}$

(1) 다음 분수들을 가장 큰 것부터 순서대로 써 봅시다.

$\frac{4}{12}$ $\frac{2}{12}$ $\frac{6}{12}$ $\frac{7}{12}$ $\frac{9}{12}$

(2) 다음 분수들을 가장 작은 것부터 순서대로 써 봅시다.

$\frac{1}{2}$ $\frac{1}{5}$ $\frac{1}{4}$ $\frac{1}{8}$ $\frac{1}{6}$

(3) 분수의 크기를 비교하는 방법을 정리해 봅시다.

- 분모가 같은 경우 :

- 분자가 같은 경우 :

2. 분수 게임의 4라운드 **Mission**을 해결해 봅시다.

두 분수의 크기를 비교하여 5초안에 큰 분수를 클릭하시오.

$\frac{3}{4}$ $\frac{4}{5}$

(1) $\frac{3}{4}$을 그림으로 나타내 봅시다.

(2) $\frac{4}{5}$를 그림으로 나타내 봅시다.

(3) 1을 만들기 위해 채워야 할 부분은 각각 얼마일까요?

(4) $\frac{3}{4}$과 $\frac{4}{5}$의 크기를 비교해 봅시다.

3. 다음 분수들을 가장 큰 것부터 순서대로 쓰고, 해결 방법도 적어 봅시다.

(1)

$\frac{7}{8}$ $\frac{5}{6}$ $\frac{11}{12}$

(2)

$\frac{3}{4}$ $\frac{2}{3}$ $\frac{7}{8}$ $\frac{4}{5}$ $\frac{2}{6}$

수학 비밀 23 분수의 덧셈

1. 퀴즈를 해결한 창의와 영재가 콜라를 마시며 쉬고 있습니다. 콜라 1컵을 조금씩 마시고 남은 양에 대해 대화를 나누고 있습니다. 창의와 영재가 남긴 콜라의 양은 모두 얼마인지 알아봅시다.

창의와 영재가 마시고 남은 콜라의 양을 합하여 사각형 모형에 표시하고, 분수의 덧셈으로 나타내 봅시다.

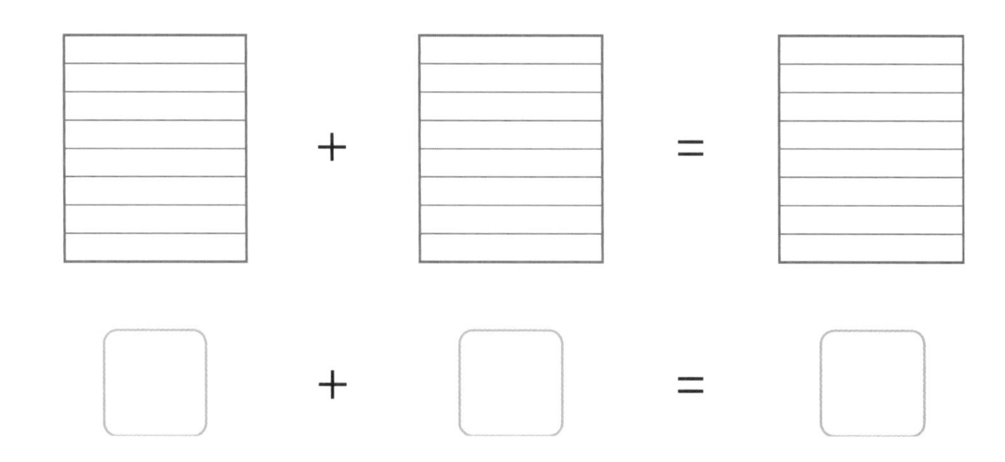

2. 그림을 보고, 분수의 덧셈을 해 봅시다.

(1)

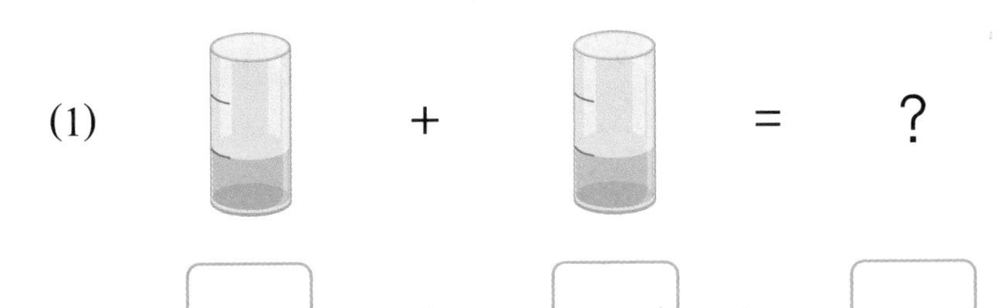

(2)

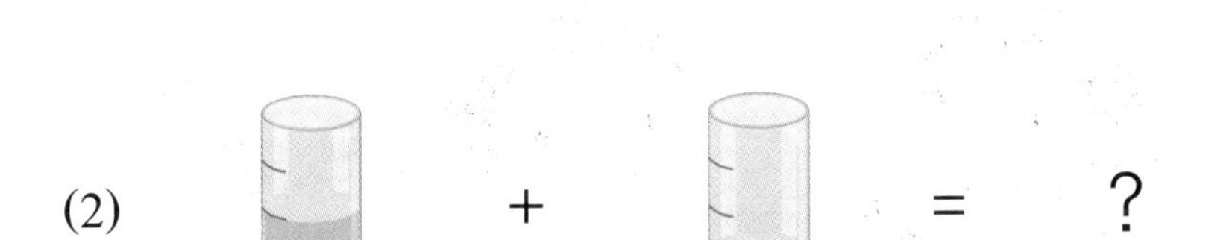

(3)

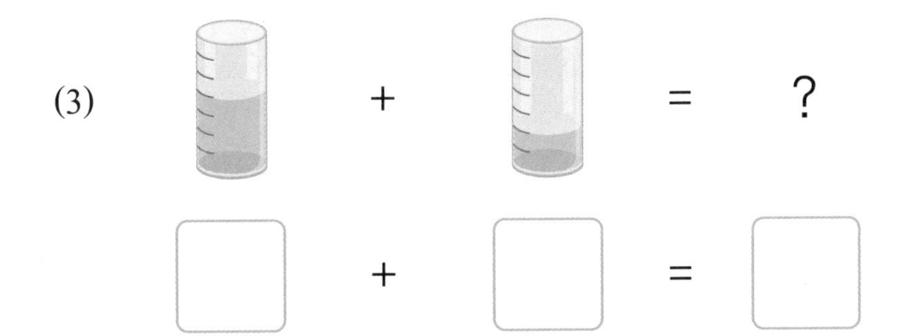

3. 분모가 같은 분수의 덧셈 방법을 정리해 봅시다.

수학비밀 24 분수의 뺄셈

1. 콜라와 함께 먹던 피자의 양을 보고 창의와 영재가 대화를 나누고 있습니다. 영재가 창의보다 얼마나 더 먹었는지 알아봅시다.

창의와 영재가 먹은 피자의 양의 차이를 원 모형에 표시하고, 분수의 뺄셈으로 나타내 봅시다.

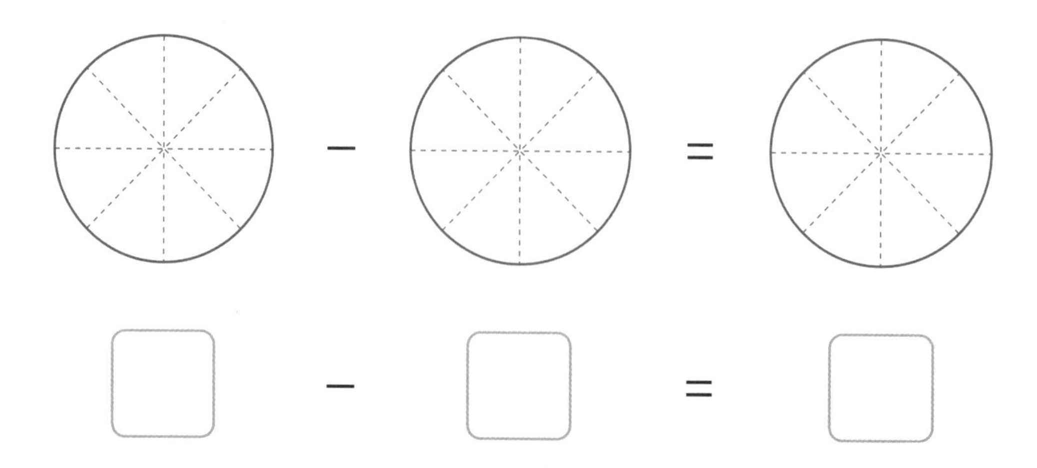

2. 그림을 보고, 분수의 뺄셈을 해 봅시다.

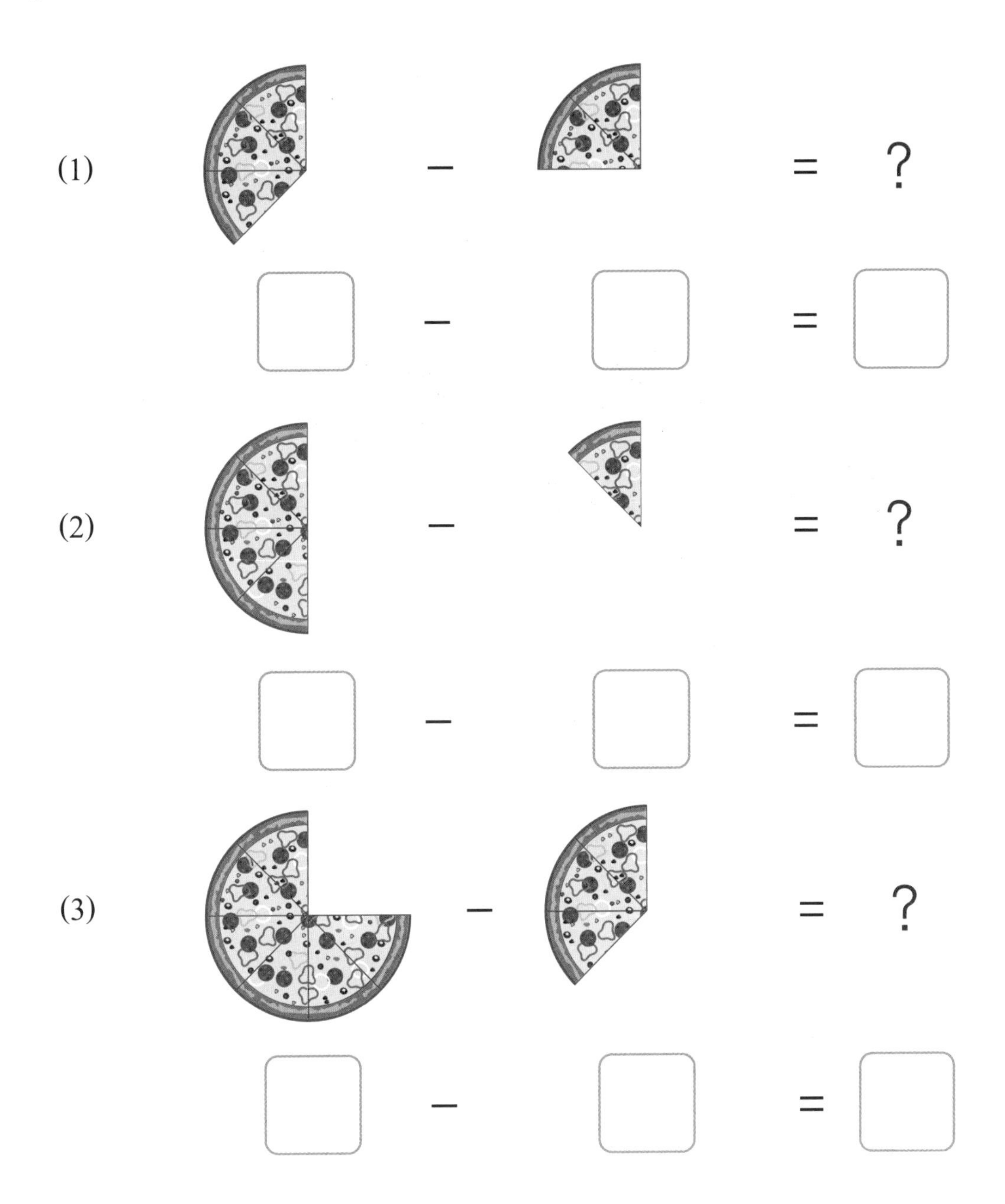

3. 분모가 같은 분수의 뺄셈 방법을 정리해 봅시다.

수학 비밀 25 1보다 큰 분수

1. 영재가 고민하던 파이의 양을 분수로 나타내 봅시다.

(1) 각각의 양에 해당하는 분수를 써 봅시다. 그리고 그 분수들을 합하여 하나의 분수로 표현해 봅시다.

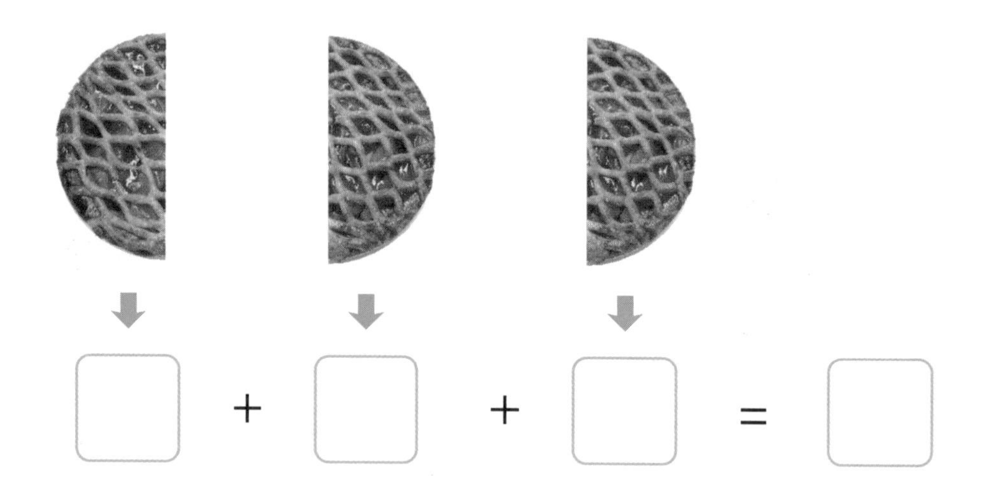

(2) 파이 한 판을 1이라고 했을 때, 빈칸에 알맞은 분수를 써 봅시다.

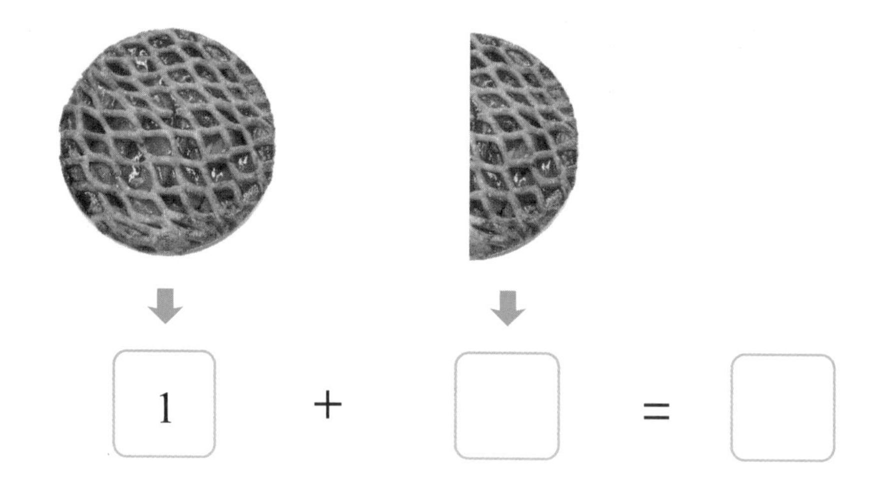

(1)과 (2)에서 알 수 있는 사실을 써 봅시다.

2. 여러 가지 모양의 파이를 분수로 나타내 봅시다.

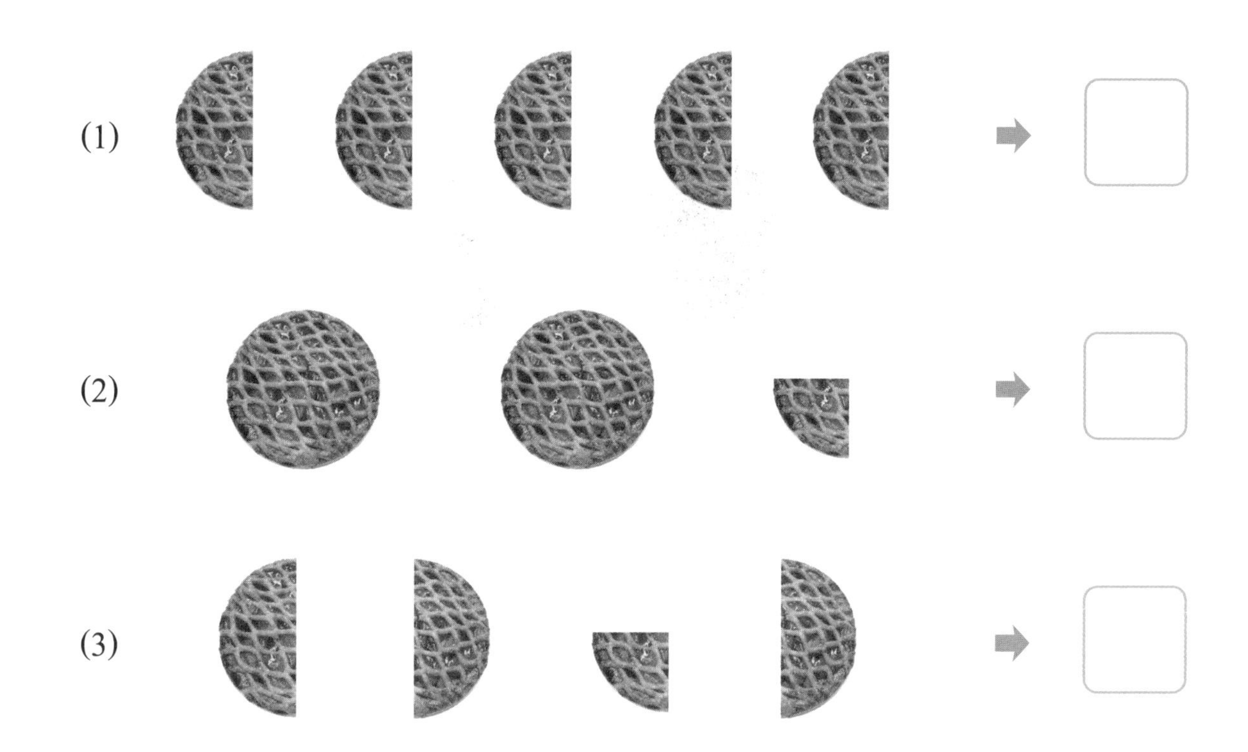

설명의 창

- $\frac{1}{4}$, $\frac{2}{4}$, $\frac{3}{4}$과 같이 분자가 분모보다 작은 분수를 진분수라고 합니다.
- $\frac{1}{2}$짜리 2개를 $\frac{2}{2}$, $\frac{1}{4}$짜리 5개를 $\frac{5}{4}$로 나타냅니다. 이와 같이 분자가 분모와 같거나 분모보다 큰 분수를 가분수라고 합니다.
- 1과 $\frac{3}{4}$을 $1\frac{3}{4}$이라 쓰고, 일과 사분의 삼이라고 읽습니다. 이와 같이 자연수와 진분수로 이루어진 분수를 대분수라고 합니다.

수학비밀 26 분수의 변신

1. 사과가 $1\frac{1}{3}$개 있습니다. 사과의 개수를 가분수로 표현해 봅시다.

(1) $1\frac{1}{3}$을 자연수와 진분수의 합으로 표현해 봅시다.

$$1\frac{1}{3}=\square+\square$$

(2) 사과 1개를 같은 크기로 나누어 (1)에서 표현된 자연수를 분모가 3인 분수로 나타내 봅시다.

(3) 사과 $1\frac{1}{3}$개를 가분수로 표현해 봅시다.

2. 밀가루가 $\frac{8}{3}$ kg이 있습니다. 밀가루의 양을 대분수로 표현해 봅시다.

(1) $\frac{8}{3}$을 분자가 1인 크기가 같은 진분수의 합으로 표현해 봅시다.

$$\frac{8}{3}=\square+\square+\square+\square+\square+\square+\square+\square$$

(2) (1)의 식에서 1을 만드는 분수끼리 묶어 봅시다. 몇 묶음입니까?

(3) 밀가루 $\frac{8}{3}$ kg을 대분수로 표현해 봅시다.

3. 창의와 영재가 안내된 재료를 보고 애플파이를 만들려고 합니다. 정확한 양 만큼의 재료를 선택한다면, 어떤 재료를 선택해야 좋을지 생각해 봅시다.

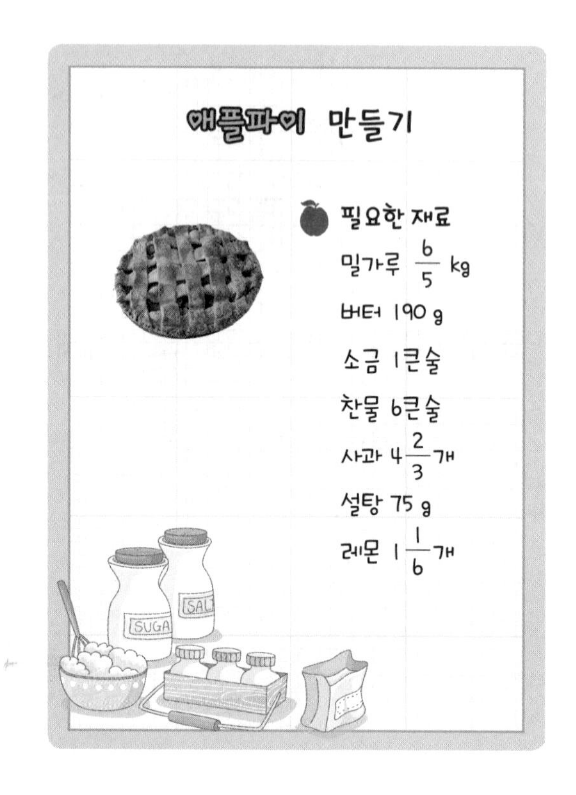

(1) 3개의 밀가루 중에서 무엇을 선택해야 할까요?

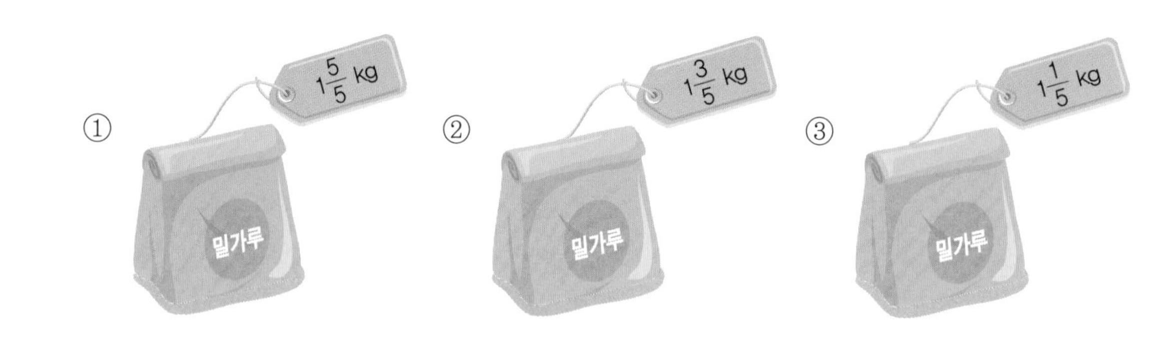

(2) 3개의 사과 중에서 무엇을 선택해야 할까요?

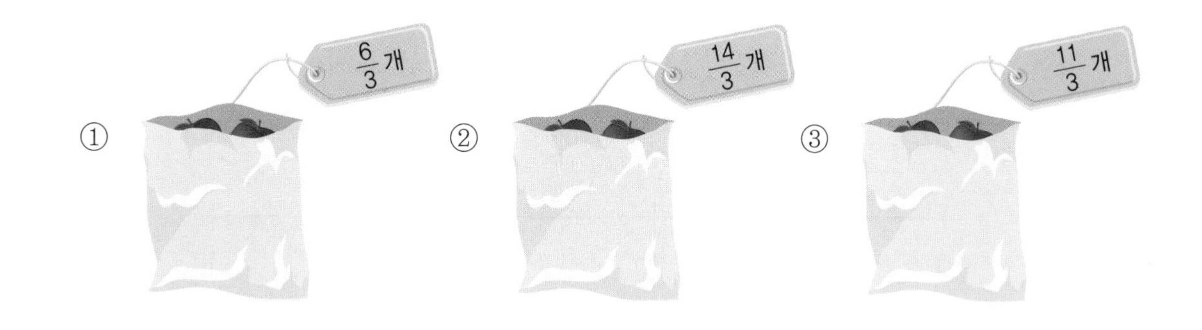

(3) 창의와 영재가 선택한 레몬의 표에 적혀 있어야 하는 가분수를 써넣어 봅시다.

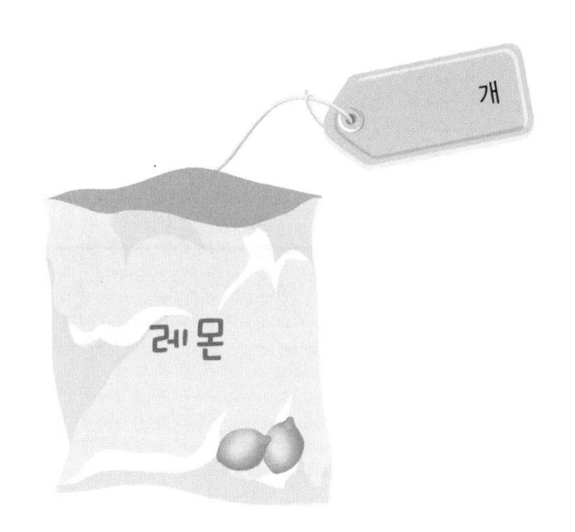

수학비밀 27 수직선 위에 표시하기

1. 다음은 0과 1 사이를 똑같은 간격으로 나누어 눈금을 표시한 것입니다. ☐ 안에 알맞은 분수를 써넣어봅시다.

(1)

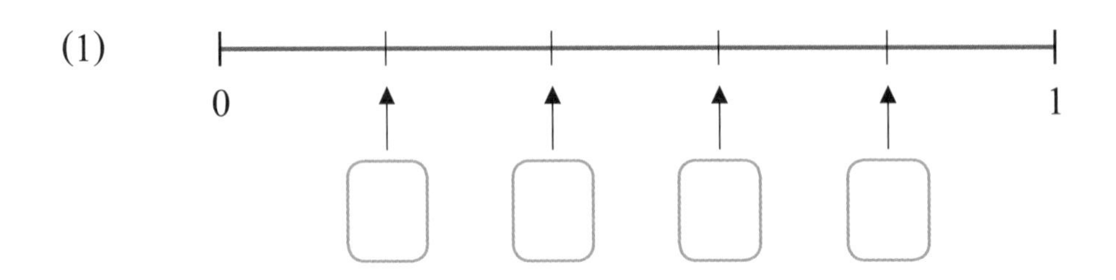

(2)

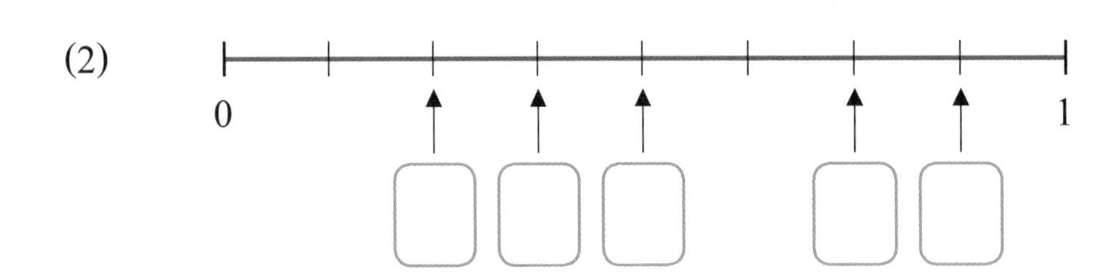

2. 다음 수를 수직선 위에 알맞게 표시해 봅시다.

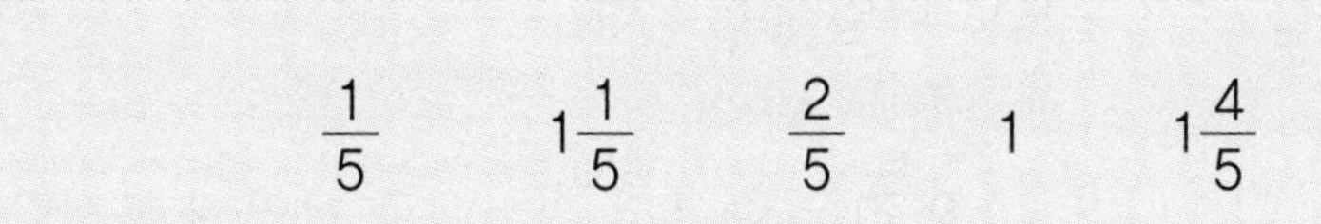

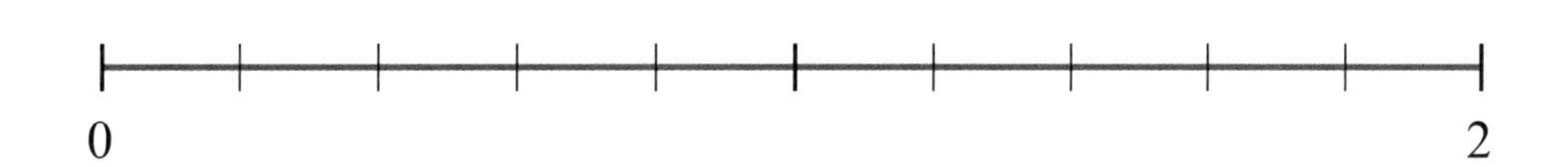

3. 수직선을 같은 크기로 나눈 후, 다음 수를 표시해 봅시다.

$\frac{2}{3}$ $1\frac{2}{3}$ 2 $\frac{1}{3}$ $2\frac{1}{3}$

(1) 수직선 위의 눈금은 어떻게 나누어야 할까요? 눈금을 표시해 봅시다.

(2) 주어진 수를 수직선 위에 나타내 봅시다.

수학 비밀 28 크기 순으로 나열하기

1. 주어진 카드의 수를 크기 순으로 나열해 봅시다.

(1) 수 카드가 4장 있습니다. 가장 작은 수부터 순서대로 나열해 봅시다.

(2) 수 카드가 4장 있습니다. 가장 큰 수부터 순서대로 나열해 봅시다.

2. 수 카드가 8장 있습니다. 가장 큰 수부터 순서대로 나열해 봅시다.

수학 비밀 29 나눗셈의 방법

영재와 슬기가 각자 다른 방법으로 97 ÷ 4의 몫을 구하였습니다. 두 사람의 나눗셈 방법을 비교해 봅시다.

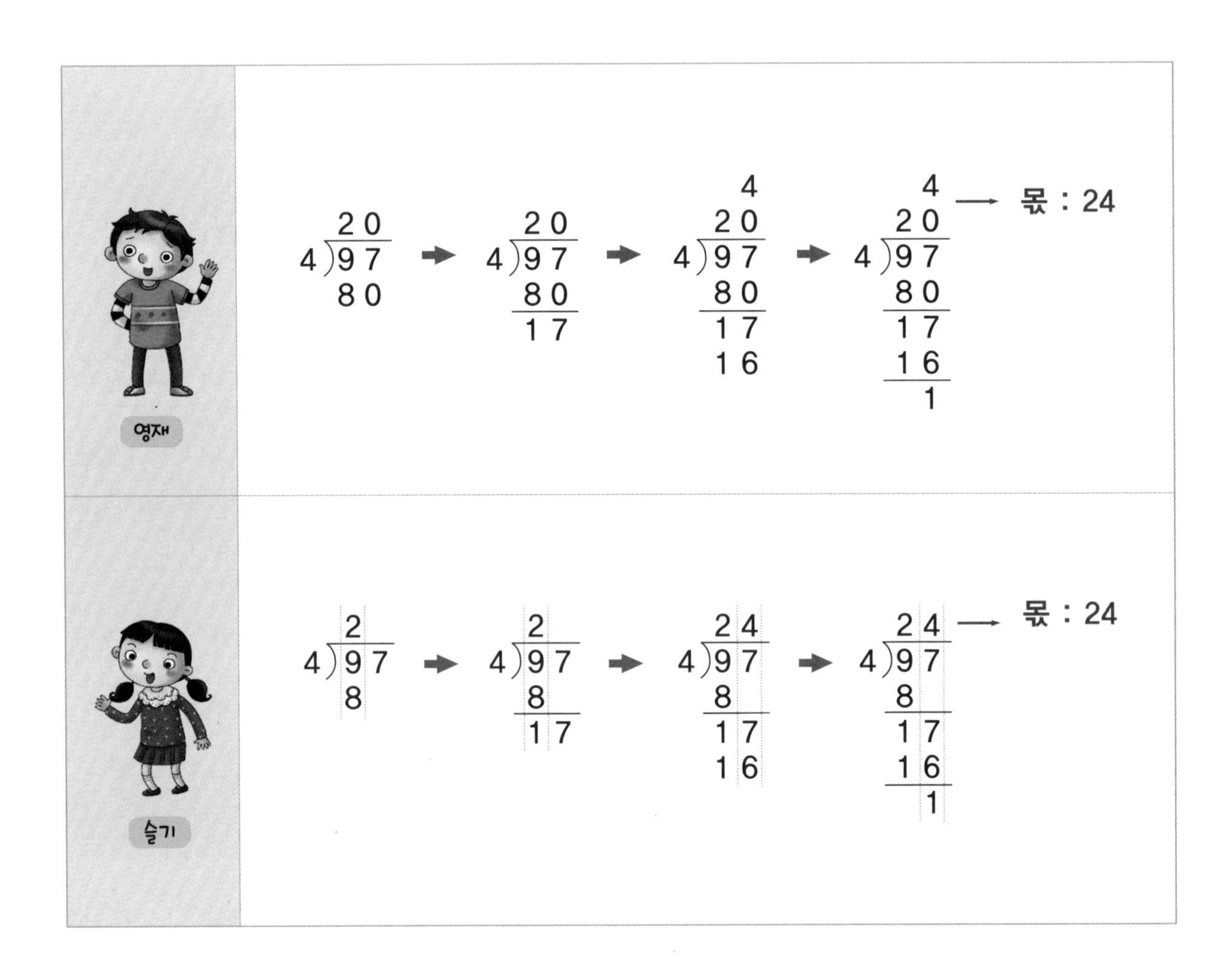

1. $97 \div 4$를 계산해 봅시다.

2. 영재와 슬기가 계산한 방법을 비교해 보고, 각각의 방법을 정리해 봅시다.

3. 여러 가지 방법으로 다음 나눗셈의 몫과 나머지를 구해 봅시다.

(1) $69 \div 3$

(2) $83 \div 5$

수학비밀 30 나눗셈의 재미있는 성질

2 7 5 10 3 6

18 26 20 19 27 34 30 31

55 46 52 40 60 61 68

190 335 102 304 195

2005 1999 1990 2002

53550 111181 200095

1927236 505050501 18976500

1. 2, 5, 10으로 나누어떨어지는 수들을 찾는 방법을 알아봅시다.

(1) 2로 나누어떨어지는 수를 찾아 ◯해 봅시다.

(2) 5로 나누어떨어지는 수를 찾아 △해 봅시다.

(3) 10으로 나누어떨어지는 수들을 찾아 각각 써 봅시다.

(4) (1), (2), (3)에서 알게 된 사실을 써 봅시다.

① 2로 나누어떨어지는 수들의 공통점 :

② 5로 나누어떨어지는 수들의 공통점 :

③ 2, 5, 10으로 나누어떨어지는 수의 관계 :

수학 비밀 31 숨겨진 비밀 찾기

1. 2로 나누어떨어지는 수가 있는 칸을 색칠하여 숨겨진 그림을 찾아봅시다.

19	23	22	16	3
7	38	15	28	39
46		41	14	
27	34	5	56	71
13	65	32	12	9

2. 5로 나누어떨어지는 수가 있는 칸을 색칠하여 숨겨진 그림을 찾아봅시다.

85	45	15	55	36
35	12	29	52	40
30	10	70	95	28
20	9	47	39	75
65	50	25	5	14

3. 7로 나누어떨어지는 수가 있는 칸을 색칠하여 숨겨진 그림을 찾아봅시다.

133		1				18		76	98
141	14	13	22	68	165	5	7	81	
360	67	84	217		16	49	133	255	355
242	147	224	294	35	161	105	154	112	41
	42	14	156	350	56		70	350	
55	128	217	98	63	224	126	490	49	25
27	17	140	147	89		147	21	36	37
	54	149	294	105	70	35		72	
161	150	177	192	91	126	24	45	96	112
14	119	154			60		28	7	42

4. 3으로 나누어떨어지는 수가 있는 칸을 색칠하여 숨겨진 그림을 찾아봅시다.

13	84	15	26	93	12	73
36	98	65	57	76	67	30
72	44	8	41	17	53	75
51	5	91	85	71	47	27
28	63	38	55	7	99	58
62	74	18	29	81	14	92
82	46	19	48	50	97	16

5. 3으로 나누었을 때 나머지가 2인 수가 있는 칸을 색칠하여 숨겨진 글자를 찾아봅시다.

8	23	11	3	53	21
32	1	35	4	65	24
29	20	5	13	14	122
19	41	16	15	23	7
47	56	44	6	71	42
10	30	39	27	17	9

수학비밀 32 같은 수를 두 번 곱한 수

1. 같은 수를 두 번 곱한 수의 성질을 알아봅시다.

(1) 다음을 계산해 봅시다.

1×1	2×2
3×3	4×4
5×5	6×6
7×7	8×8
9×9	10×10

(2) 같은 수를 두 번 곱했을 때 일의 자리에 나타날 수 있는 숫자를 모두 써 봅시다.

(3) 어떤 한 자리 수를 두 번 곱했더니 일의 자리의 숫자가 1이 나왔습니다. 이 수는 어떤 수입니까?

2. 1번을 이용하여 아래 창의가 한 말이 거짓말임을 설명해 봅시다.

수학 비밀 33 같은 수를 여러 번 곱한 수

1. 5를 여러 번 곱하여 나온 수에서 나타나는 성질을 알아봅시다.

(1) 5를 여러 번 곱한 수의 일의 자리의 숫자를 표의 빈칸에 써 봅시다.

곱셈식	일의 자리의 숫자
5×5	
5×5×5	
5×5×5×5	
5×5×5×5×5	
5×5×5×5×5×5	
5×5×5×5×5×5×5	

(2) 5를 여러 번 곱하여 나온 수들은 어떤 특징을 가지고 있습니까? 발견한 사실들을 써 봅시다.

(3) $15 \times 15 \times 15 \times 15 \times 15 \times 15$의 값의 일의 자리 숫자는 무엇입니까?

(4) $1005 \times 1015 \times 1025 \times 1035 \times 1045$의 값의 일의 자리 숫자는 무엇입니까?

(5) (3), (4)에서 알 수 있는 사실을 써 봅시다.

2. 같은 수를 여러 번 곱하여 나온 수의 일의 자리의 숫자에는 재미있는 특징이 있습니다. 표의 빈칸에 알맞은 수를 써넣으면서 여러 가지 특징을 찾아봅시다.

	곱한 횟수									특징
	1번	2번	3번	4번	5번	6번	7번	8번	9번	
1										
2										
3										
4										
5										
6										
7										
8										
9										

3. 같은 수를 여러 번 곱하여 나온 결과와 특징들을 이용하여 다음 곱셈을 계산한 결과 값의 일의 자리의 숫자를 구해 봅시다.

(1) $2\times2\times2\times2\times2\times2\times3\times3\times3\times3\times3\times3\times3$

(2) $2\times2\times2\times2\times2\times2\times2\times7\times7\times7\times7\times7\times7\times7$

(3) $3\times3\times3\times3\times3\times3\times3\times3\times4\times4\times4\times4\times4\times4$

(4) $9\times9\times9\times9\times9\times9\times9\times6\times6\times6\times6\times6\times6\times6\times6\times6$

(5) $2007\times2017\times2027\times2037\times2047\times2057\times2067\times2077\times2087$

수학비밀 34 짝수와 홀수

1. 다음 수들을 짝수는 ◯, 홀수는 △로 표시해 봅시다.

1	2	3	4	5	6	7	8	9	10
11	12	13	14	15	16	17	18	19	20
21	22	23	24	25	26	27	28	29	30
31	32	33	34	35	36	37	38	39	40
41	42	43	44	45	46	47	48	49	50

설명의 창

짝수 : 2로 나누어떨어지는 수, 2로 나누었을 때 나머지가 0인 수
홀수 : 2로 나누어떨어지지 않는 수, 2로 나누었을 때 나머지가 1인 수

2. 다음을 계산한 결과가 짝수인지 홀수인지 구해봅시다.

(1) (짝수) + (짝수)

(2) (짝수) + (홀수)

(3) (홀수) + (홀수)

(4) (홀수) + (홀수) + (홀수)

(5) (짝수) − (짝수)

(6) (짝수) − (홀수)

(7) (홀수) − (홀수)

(8) (홀수) − (홀수) − (홀수)

(9) (짝수) × (짝수)

(10) (짝수) × (홀수)

(11) (홀수) × (홀수)

(12) (홀수) × (홀수) × (홀수)

3. 다음을 계산한 결과가 짝수인지 홀수인지 구해 봅시다.

(1) $2+4+6+8$

(2) $1+3+5+7+9$

(3) $1+2+3+4+5+6+7+8+9+10$

(4) $2007+2008+2009+2010+2011$

(5) $1 \times 3 \times 5 \times 7$

(6) $2 \times 4 \times 6 \times 8$

(7) $1 \times 2 \times 3 \times 4 \times 5 \times 6 \times 7 \times 8 \times 9 \times 10 \times 11 \times 12 \times 13 \times 14 \times 15$

(8) 홀수를 홀수 번만큼 더했을 때의 결과 값은 홀수입니까? 짝수입니까?

(9) 곱셈식을 만들 때 결과 값을 짝수로 만들기 위해서는 홀수가 필요합니까? 아니면 짝수가 필요합니까?

수학 비밀 35 경기에서의 짝수와 홀수

1. "제1회 와이즈만 배 야구 대회"에 가우스, 파스칼, 뉴턴 팀이 참가하였습니다. 이 대회는 참가한 모든 팀과 서로 한 번씩 경기를 한 후 승리 횟수가 가장 많은 팀이 우승하는 방식이며, 무승부는 없습니다.

(1) 총 몇 경기가 열려야 합니까?

(2) 각 팀은 몇 번씩 경기합니까? 또, 각 팀의 경기 횟수의 합은 얼마입니까?

(3) 각 팀의 경기 횟수의 합은 항상 홀수입니까? 짝수입니까?

(4) 대회가 끝난 후, 한 팀의 총 승리 횟수와 총 패배 횟수의 합은 무엇과 같습니까?

2. "제2회 와이즈만 배 야구 대회"에는 세 팀이 더 참가하게 되었습니다. 다음은 대회가 진행되던 중, 그때까지 치른 각 팀의 경기 횟수, 승리 횟수, 패배 횟수를 짝수와 홀수로 나타낸 표입니다.

팀	경기 횟수	승리 횟수	패배 횟수
가우스	짝수	짝수	
파스칼	짝수		홀수
뉴턴	홀수		홀수
드 모르간	홀수	홀수	
피타고라스	홀수	짝수	
오일러			짝수

(1) 표를 완성하기 위해서 가장 먼저 필요한 내용을 써 봅시다.

(2) 오일러 팀의 경기 횟수는 짝수입니까? 홀수입니까?

(3) 각 팀의 승리 횟수와 패배 횟수를 위 표에 짝수, 홀수로 나타내 봅시다.

수학비밀 36 시계 속의 규칙

1. 지혜와 영재의 대화를 읽고 빈칸에 알맞은 내용을 써넣어 봅시다.

한국 항공	
항공편	출발
WE901	9 : 00
WE902	9 : 40
WE903	10 : 20
WE904	11 : 00
WE905	11 : 40

독일 프랑크푸르트로 향하는 첫째 비행기의 출발 [ ] 은 9시야. 지금으로부터 20분 정도의 [ ] 이 남았어.

비행기를 타고 가는 [ ] 은 얼마나 걸릴까? 독일 프랑크푸르트에 도착했을 때의 [ ] 은 몇 시 몇 분일까?

설명의 창

- '영화가 10시 30분에 시작했다.'에서 '10시 30분'과 같이 어느 한 시점을 나타내는 것을 **시각**이라고 합니다.
- '9시부터 11시까지 2시간 동안 영화를 봤다.'에서 '2시간'과 같이 어떤 시각에서 어떤 시각까지의 사이를 **시간**이라고 합니다.

2. 시계 속에 숨어 있는 규칙을 알아봅시다.

(1) 빨간 바늘이 시계 한 바퀴를 도는 데 걸리는 시간은 얼마만큼입니까?

(2) 5분 동안 빨간 바늘은 얼마만큼 움직이며, 몇 초를 나타냅니까?

(3) 60초 동안 할 수 있는 일을 이야기해 보고, '60초'를 넣어 문장을 만들어 봅시다.

설명의 창

- 초침이 작은 눈금 한 칸을 지나는데 걸리는 시간을 **1초**라고 합니다.
- 초침이 시계를 한 바퀴 도는 데 걸리는 시간은 **60초**입니다.

1분 = 60초

수학 비밀 37 시간 속의 규칙

1. 오전 9시에 첫째 비행기가 출발하는 항공편 출발 시각을 나타낸 것입니다.

(1) 출발 시각의 규칙을 찾아 써 봅시다.

(2) 다섯째로 출발하는 비행기의 출발 시각은 언제입니까?

(3) 정오가 되기 전까지 출발한 비행기는 모두 몇 대입니까?

2. 오전 9시에 첫째 비행기가 출발하는 항공운항 시간표를 보고 규칙을 찾아 문제를 해결해 봅시다.

한국 항공	
항공편	출발
WE905	9 : 00
WE906	9 : 45
WE907	10 : 30
WE908	11 : 15

(1) 비행기의 출발 시각의 규칙을 찾아 써 봅시다.

(2) 같은 규칙으로 비행기가 출발한다면 다섯째로 출발하는 비행기의 출발 시각은 언제입니까?

(3) 같은 규칙에 따라 열째로 출발하는 비행기의 시각도 구해 봅시다.

3. 공항에는 각 나라의 현재 시각을 알려주는 시계들이 걸려 있습니다. 다음 세 나라의 시각을 살펴봅시다.

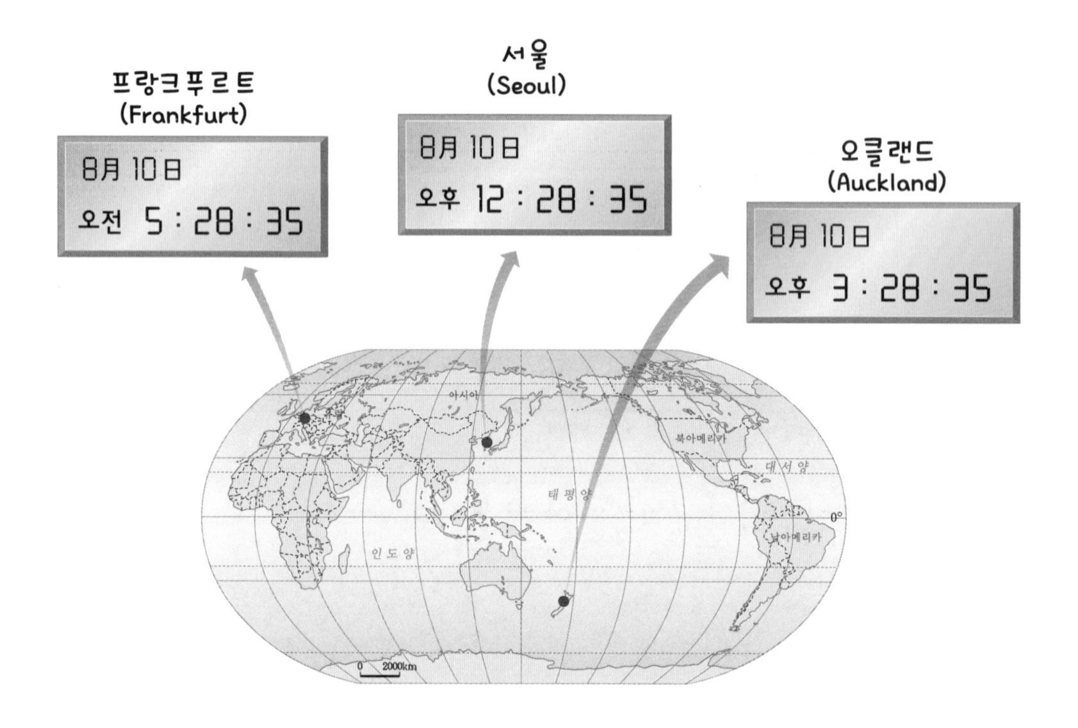

(1) 각 나라의 시각이 다른 이유는 무엇인지 써 봅시다.

(2) 서울과 프랑크푸르트, 서울과 오클랜드의 시각 차이를 구해 봅시다.

	서울과 프랑크푸르트	서울과 오클랜드
시각 차이		

(3) 프랑크푸르트와 오클랜드의 시각 차이도 구해 봅시다.

4. 독일 프랑크푸르트에 도착한 영재와 지혜는 한국에서 독일까지 몇 시간 동안 비행기를 타고 온 것인지 궁금했습니다. 비행기 탑승권을 보고 비행기를 타고 온 시간을 알아봅시다. (단, 비행기 탑승권에 있는 출발 시각은 출발 당시 서울 시각, 도착 시각은 도착 당시 독일 프랑크푸르트의 시각입니다.)

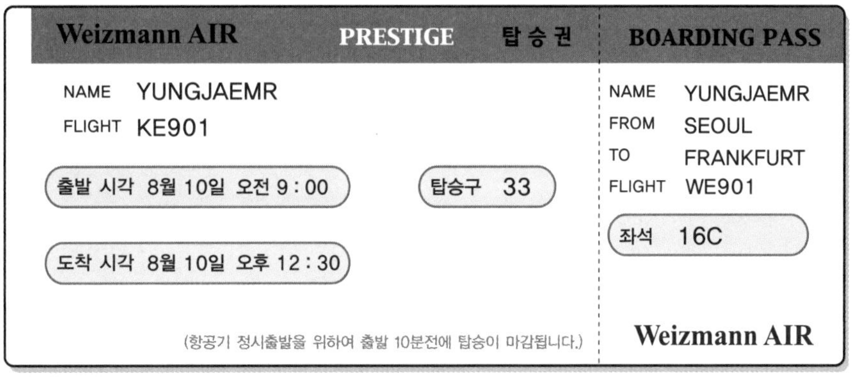

Weizmann AIR PRESTIGE 탑승권 | BOARDING PASS

NAME YUNGJAEMR
FLIGHT KE901
출발 시각 8월 10일 오전 9 : 00
탑승구 33
도착 시각 8월 10일 오후 12 : 30
(항공기 정시출발을 위하여 출발 10분전에 탑승이 마감됩니다.)

NAME YUNGJAEMR
FROM SEOUL
TO FRANKFURT
FLIGHT WE901
좌석 16C
Weizmann AIR

(1) 비행기 탑승권에 적힌 출발 시각과 도착 시각만으로 비행기를 탄 시간을 구할 수 있을까요? 그렇다면 그 방법을 써 보고, 그렇지 않다면 그 이유를 써 봅시다.

(2) 프랑크푸르트에 도착했을 때 서울의 시각은 언제입니까?

(3) 영재와 지혜가 비행기를 타고 온 시간을 구해 봅시다.

수학 비밀 38 그림 속의 규칙

독일에는 유명한 벽화마을이 있습니다. 영재와 지혜는 벽화마을에서 여러 가지 그림을 감상했습니다.

1. 다음 벽화의 규칙을 알아봅시다.

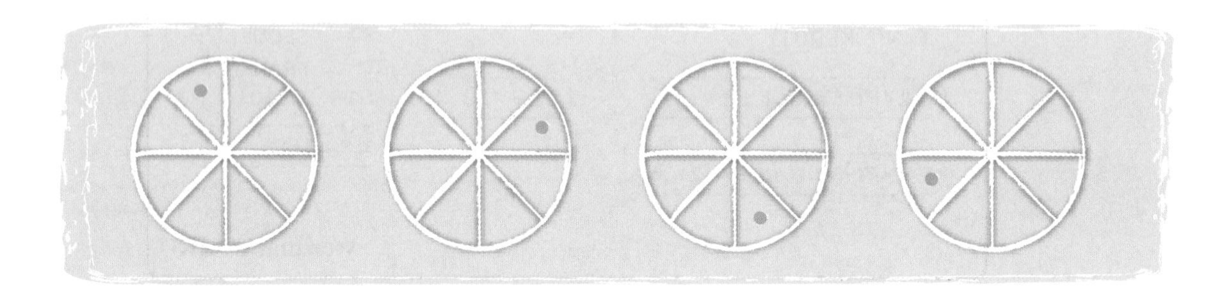

(1) 어떤 규칙이 있는지 찾아 써 봅시다.

(2) 규칙에 따라 계속 그려나갈 때, 열째의 그림을 그려 봅시다.

2. 영재가 본 벽화들입니다. 규칙을 찾고 빈 곳에 알맞은 그림을 그려 넣어봅시다.

(1)

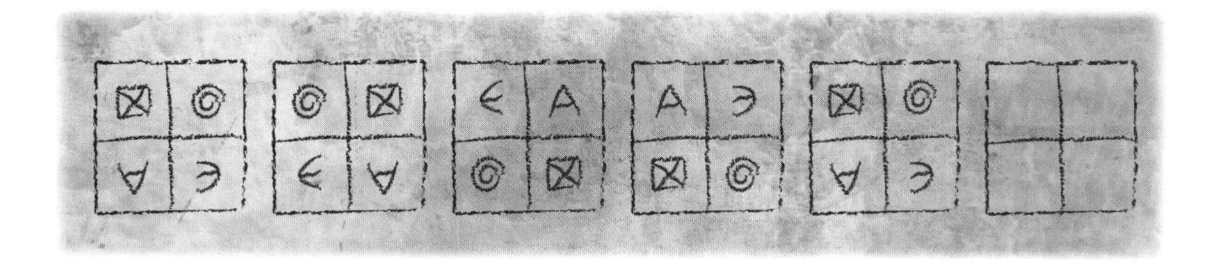

(2)

3. 지혜는 독일 전통 문양이 그려 있는 벽화를 보았습니다. 지혜가 본 그림을 살펴봅시다.

(1) 어떤 규칙이 있는지 찾아 써 봅시다.

(2) 규칙에 따라 그림을 그린다면 다음에 올 그림의 문양이 들어갈 곳에 표시해 봅시다.

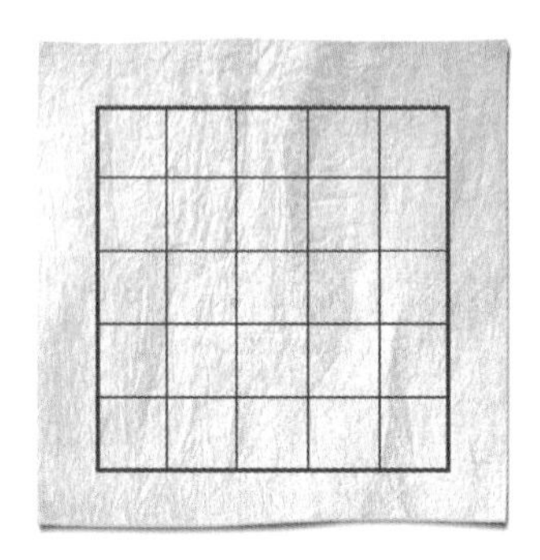

(3) 같은 규칙에 따라 열째에 그려질 그림의 문양이 들어갈 곳에 표시해 봅시다.

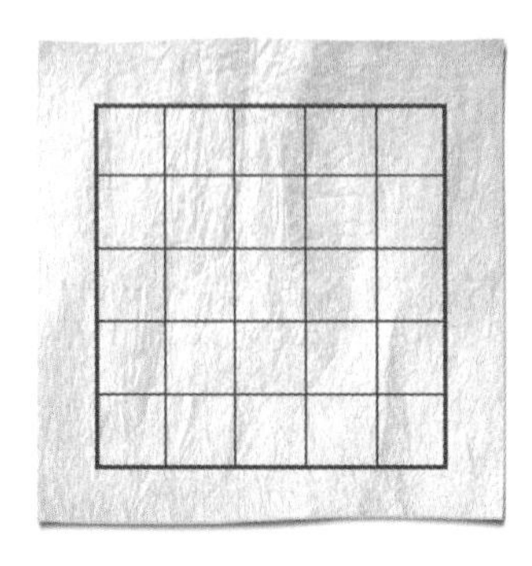

4. 한국에도 벽화 마을이 있습니다. 다음은 경상남도 통영의 동피랑에 있는 벽화와 비슷한 벽화입니다.

(1) 어떤 규칙이 있는지 찾아 써 봅시다.

(2) 규칙에 따라 벽화를 더 꾸민다면 어떤 모양을 이어 그려야 하는지 그려 봅시다.

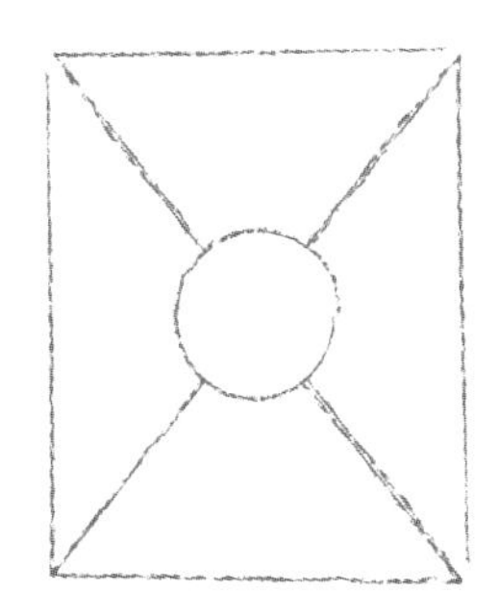

(3) 20개의 모양이 그려져 있다면 그중, 첫째 모양과 같은 그림은 몇 개일까요?

늘어나는 규칙 찾기

수학비밀 39 수 배열의 규칙

다음은 영재와 지혜가 수학박물관에서 본 다양한 수 모형물입니다.

1. 수가 쓰인 상자를 어떤 규칙에 따라 삼각형 모양으로 놓아가고 있습니다.

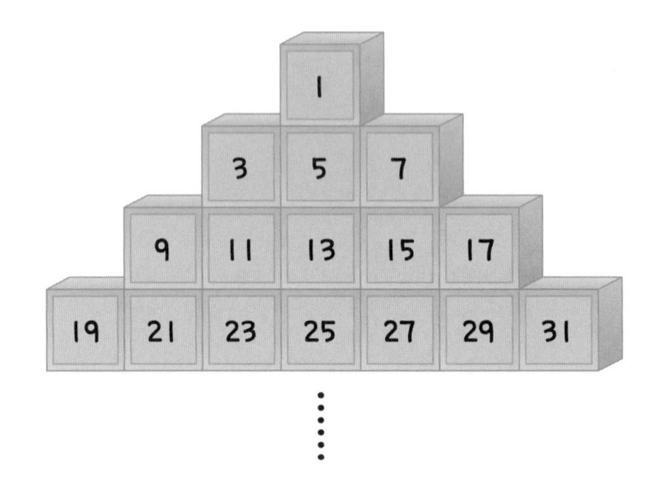

(1) 다섯째 가로줄에 놓일 상자의 수를 모두 써 봅시다.

(2) 같은 규칙으로 상자를 계속 놓아간다면 일곱째 줄의 첫째 상자의 수는 무엇일까요?

(3) 101은 어느 위치에 쓰이는지 찾아봅시다.

수 삼각형 속에서 찾을 수 있는 다른 규칙을 써 봅시다.

2. 다음은 파스칼의 삼각형입니다.

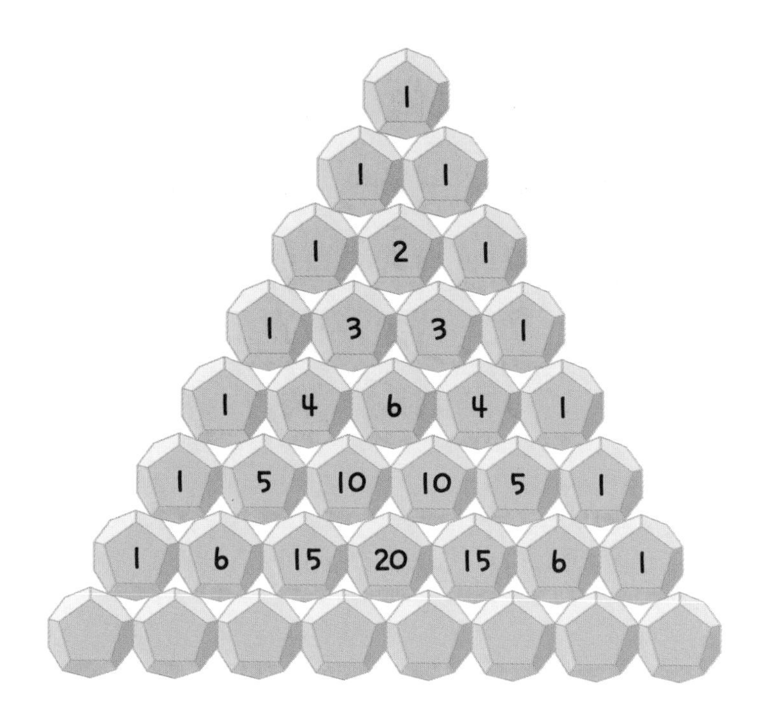

(1) 파스칼의 삼각형은 어떤 규칙에 따라 만들어졌는지 써 봅시다.

(2) (1)의 규칙에 따라 만들어질 때 여덟째 가로줄의 수를 모두 써넣어 봅시다.

(3) 파스칼의 삼각형에서 찾을 수 있는 여러 가지 규칙을 정리해 봅시다.

3. 벽돌에 수가 규칙적으로 배열되어 있습니다.

(1) 어떤 규칙에 따라 만들어졌는지 써 봅시다.

(2) 같은 규칙으로 수를 계속 써넣는다면 둘째 줄의 여덟째 수는 무엇일까요?

(3) 53은 어느 위치에 쓰이는지 찾아 적어 봅시다.

4. 원판에 수가 규칙적으로 배열되어 있습니다.

(1) 어떤 규칙에 따라 만들어졌는지 써 봅시다.

(2) 같은 규칙으로 수를 계속 써넣는다면 여섯째 원에 쓰이는 수들은 무엇일까요?

(3) 위의 수 배열에 쓰이지 않은 수들을 찾고 특징을 써 봅시다.

수학 비밀 40 피라미드 속의 규칙

마테마티쿰 박물관에 두 개의 피라미드 모형물이 전시되어 있었습니다.

1. 삼각 피라미드 모형물을 살펴보고 규칙을 찾아봅시다.

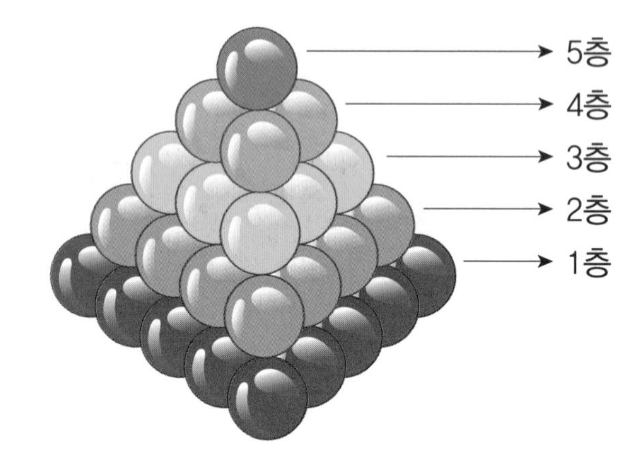

(1) 어떤 규칙에 따라 피라미드 모양이 완성되었는지 써 봅시다.

(2) 각 층 별로 구슬의 개수를 세어 표를 완성해 봅시다.

5층	4층	3층	2층	1층

(3) 각 층의 구슬의 개수에서 찾을 수 있는 규칙을 써 봅시다.

(4) 규칙에 따라 피라미드를 7층으로 쌓아 올리려면 맨 아래층에 놓이는 구슬의 개수는 몇 개일까요?

(5) 같은 규칙으로 피라미드를 쌓아 올리는데 맨 아래층에 사용된 구슬의 개수가 총 55개라면 완성된 삼각 피라미드는 몇 층일까요?

2. 사각 피라미드 모형물을 살펴보고 규칙을 찾아봅시다.

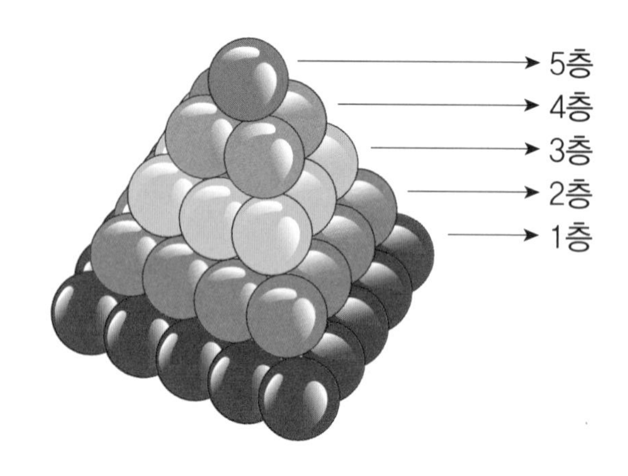

(1) 어떤 규칙에 따라 피라미드 모양이 완성되었는지 써 봅시다.

(2) 각 층 별로 구슬의 개수를 세어 표를 완성해 봅시다.

5층	4층	3층	2층	1층

(3) 각 층의 구슬의 개수에서 찾을 수 있는 규칙을 써 봅시다.

(4) 규칙에 따라 피라미드를 8층으로 쌓아 올리려면 맨 아래층에 놓이는 구슬의 개수는 몇 개일까요?

(5) 같은 규칙에 따라 피라미드를 100층으로 쌓아 올렸다면 맨 아래층에 놓이는 구슬의 개수는 몇 개일까요?

반복되는 규칙 찾기

수학비밀 41 달력 속의 규칙

달력 속의 규칙을 찾아봅시다.

1. 각 달의 날 수를 써 봅시다.

1월	2월	3월	4월	5월	6월
7월	**8월**	**9월**	**10월**	**11월**	**12월**

설명의 창

손을 이용하여 일 년의 각 달의 날 수를 알아내는 방법

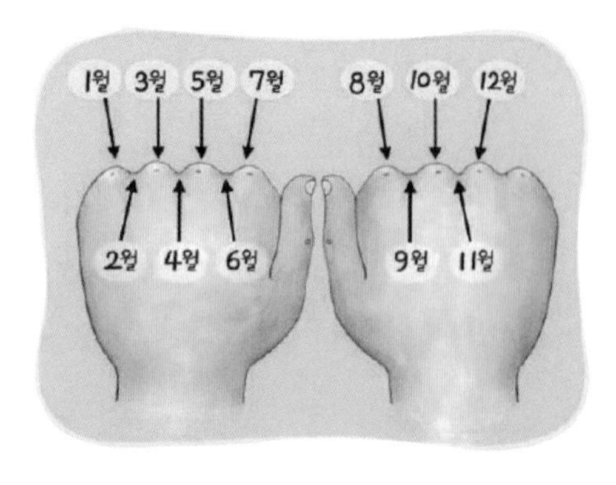

- 볼록한 부분은 한 달이 31일입니다.
- 오목한 부분은 한 달이 30일입니다.
- 2월은 오목한 부분이지만, 예외적으로 한 달이 28일 또는 29일입니다.

2. 다음은 어느 해의 8월 달력입니다. 물음에 답하시오.

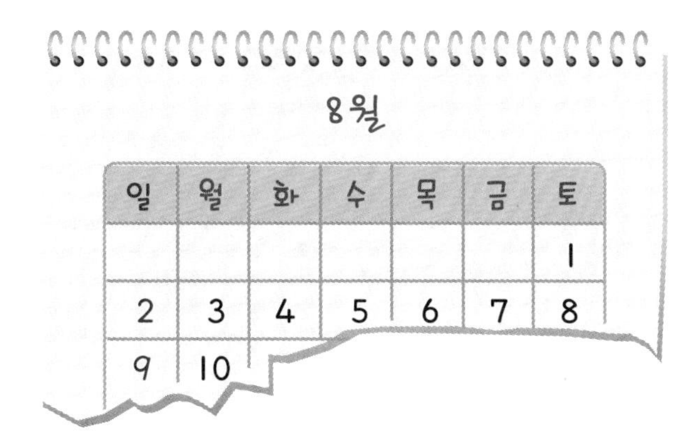

(1) 8월 26일은 무슨 요일입니까?

(2) 같은 해의 7월 17일인 제헌절은 무슨 요일입니까?

요일을 알 수 있는 방법을 써 봅시다.

3. 다음은 어느 해의 9월 달력입니다. 물음에 답하시오.

9월

일	월	화	수	목	금	토
	1	2	3	4	5	6
7	8	9	10	11	12	13
14	15	16	17	18	19	20
21	22	23	24	25	26	27
28	29	30				

(1) 9월 1일로부터 100일 후는 몇 월 며칠입니까?

(2) 12월 25일은 9월 1일로부터 며칠 후입니까? 또 무슨 요일입니까?

(3) 같은 해의 2월 14일은 토요일이고, 3월 14일은 토요일이었습니다. 이 해의 2월은 총 며칠입니까?

(4) 어느 해의 2월 14일은 금요일이었습니다. 그 해의 2월은 29일이었다면 3월 14일은 무슨 요일입니까?

4. 영재와 지혜는 파티 음식으로 맛있는 빵을 준비하려고 합니다. 독일에서 유명한 이 빵 가게는 특정한 날에만 빵을 판매한다고 합니다.

(1) 빵을 판매하는 날짜들의 규칙을 찾아 써 봅시다.

(2) 1년 동안 빵을 판매하는 날은 모두 며칠입니까?

(3) 매년 50째 빵을 판매하는 날에 특별 행사를 한다고 할 때, 이 날짜는 몇 월 며칠입니까?

수학 비밀 42 돌고 도는 규칙

1. 파티 장소를 풍선으로 장식하려고 합니다. 다음과 같은 방법으로 장식해 봅시다.

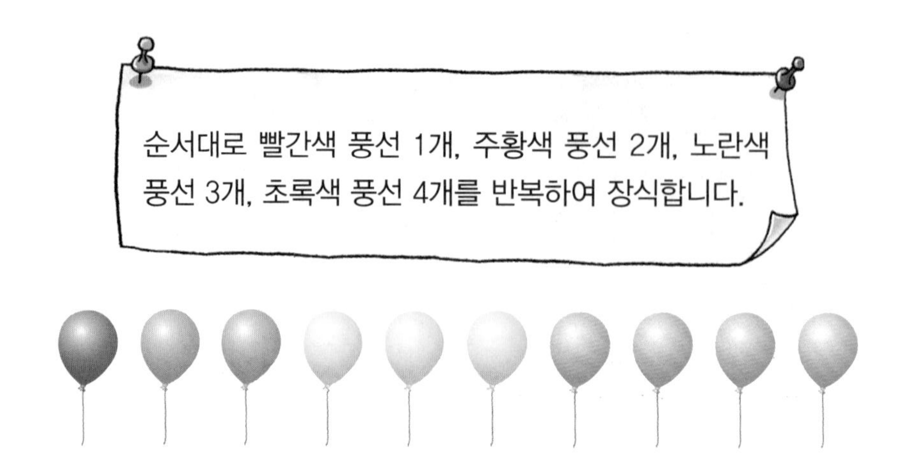

(1) 20째에 장식될 풍선의 색깔은 무엇입니까?

(2) 20개의 풍선을 장식했을 때, 사용한 풍선은 색깔별로 몇 개씩입니까?

색깔	풍선의 개수
빨강	
주황	
노랑	
초록	

(3) 100개의 풍선을 장식했을 때, 마지막 풍선의 색깔은 무엇입니까?

(4) 100개의 풍선을 장식했을 때, 사용한 풍선은 색깔별로 몇 개씩입니까?

색깔	풍선의 개수
빨강	
주황	
노랑	
초록	

(5) 같은 규칙으로 빨간 풍선 20개를 사용하여 장식했습니다. 주황색 풍선은 몇 개가 사용되었을까요? 그렇게 생각한 이유를 써 봅시다.

2. 독일은 맛있는 소시지가 생산되는 나라로 유명합니다. 영재와 지혜는 특별한 소시지를 만드는 가게를 찾아갔습니다.

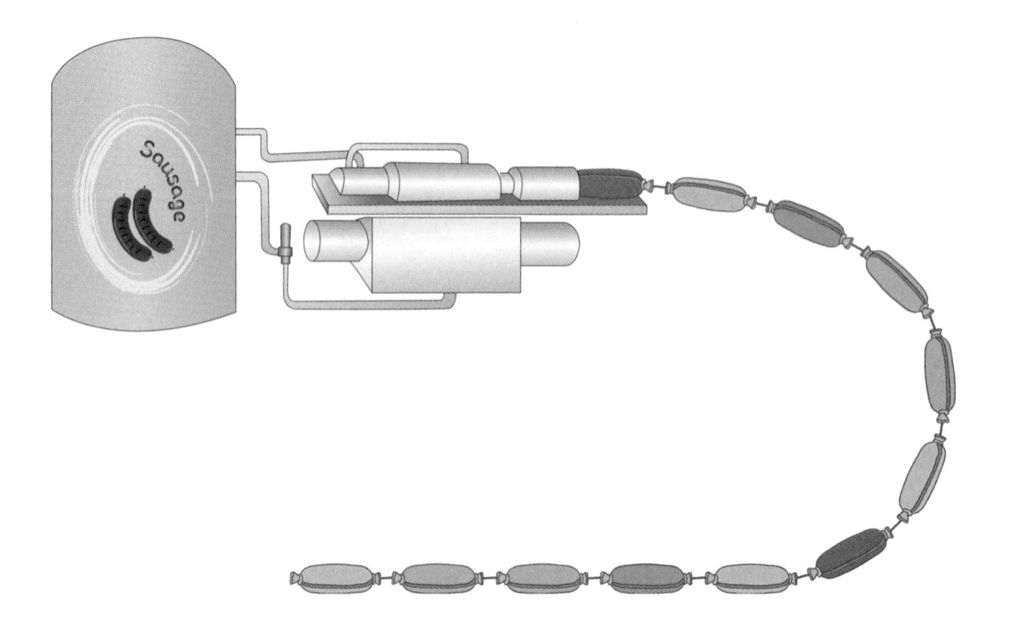

(1) 소시지가 나오는 규칙을 찾아 써 봅시다.

(2) 40째 소시지 색깔은 무엇입니까?

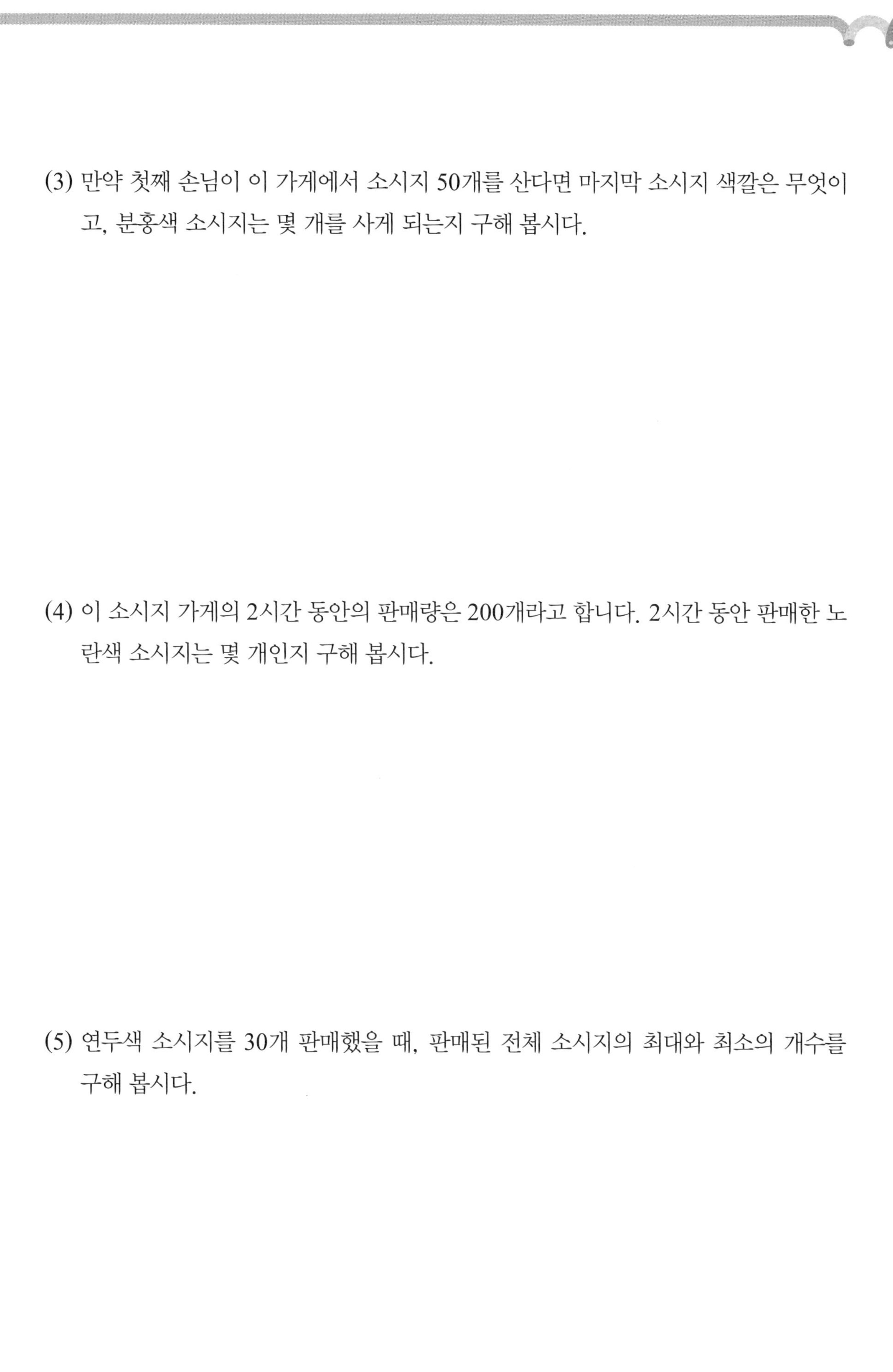

(3) 만약 첫째 손님이 이 가게에서 소시지 50개를 산다면 마지막 소시지 색깔은 무엇이고, 분홍색 소시지는 몇 개를 사게 되는지 구해 봅시다.

(4) 이 소시지 가게의 2시간 동안의 판매량은 200개라고 합니다. 2시간 동안 판매한 노란색 소시지는 몇 개인지 구해 봅시다.

(5) 연두색 소시지를 30개 판매했을 때, 판매된 전체 소시지의 최대와 최소의 개수를 구해 봅시다.

수학 비밀 43 표 만들기 I

창의와 슬기는 할로윈 파티에서 친구들에게 나누어 줄 초콜릿과 사탕을 준비하려고 합니다.

1. 4000원으로 800원짜리 초콜릿과 400원짜리 사탕을 살 수 있는 방법을 모두 찾아봅시다. (단, 초콜릿과 사탕은 적어도 1개씩은 사야 합니다.)

(1) 초콜릿을 1개 산다면 사탕은 몇 개 살 수 있을까요?

(2) 초콜릿을 2개 산다면 사탕은 몇 개 살 수 있을까요?

(3) 4000원으로 초콜릿과 사탕을 살 수 있는 방법을 구해 봅시다.

초콜릿(개)	1	2		
사탕(개)				

(4) 4000원으로 초콜릿과 사탕을 사는 방법은 모두 몇 가지입니까?

2. 6000원으로 초콜릿과 사탕을 모두 합쳐 9개 사려고 합니다. 800원짜리 초콜릿과 400원짜리 사탕을 각각 몇 개씩 사야하는지 알아봅시다. (단, 초콜릿과 사탕은 적어도 1개씩은 사야 합니다.)

(1) 6000원이 되도록 표를 완성하고 조건에 맞는 경우를 찾아봅시다.

초콜릿(개)	1	2	3				
사탕(개)	13						

(2) 초콜릿과 사탕의 개수의 합이 9개가 되도록 표를 만들고 주어진 조건에 만족하는 경우를 찾아봅시다.

초콜릿(개)	1	2	3	4				
사탕(개)	8	7						
합계(원)	4000							

수학 비밀 44 표 만들기 II

1. 슬기, 영재, 창의는 자신이 좋아하는 피자에 대한 이야기를 나누었습니다. 세 친구가 좋아하는 피자는 파인애플 피자, 불고기 피자, 포테이토 피자입니다. 다음 대화를 읽고, 세 사람이 좋아하는 피자는 각각 무엇인지 알아봅시다.

(1) 포테이토 피자를 좋아하는 사람은 누구입니까?

(2) 창의의 말을 통해 알 수 있는 사실은 무엇입니까?

(3) 표를 이용하여 문제를 해결해 봅시다.

	파인애플 피자	불고기 피자	포테이토 피자
슬기			
영재			
창의			

2. 슬기, 지혜, 창의, 영재는 생일이 모두 같은 달에 있습니다. 다음 대화를 읽고 네 사람의 생일 날짜를 알아보는 문제를 해결해 봅시다. (단, 2일, 11일, 19일, 23일이 생일입니다.)

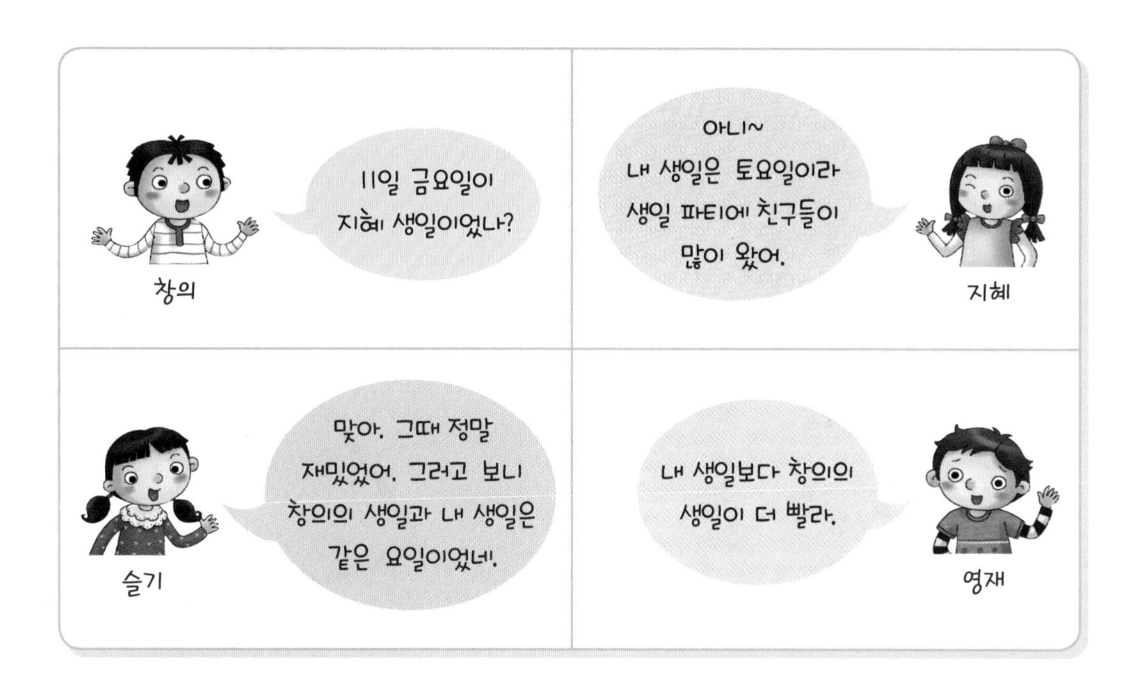

	2일	11일	19일	23일
슬기				
지혜				
창의				
영재				

수학 비밀 45 예상하고 확인하기

할로윈 파티 장소를 거미줄 띠벽지로 장식하려고 합니다.

1. 거미줄 띠벽지로 아래와 같은 파티 장소의 둘레를 모두 장식하였습니다. 파티 장소의 가로는 세로보다 100 cm 더 길다고 합니다.

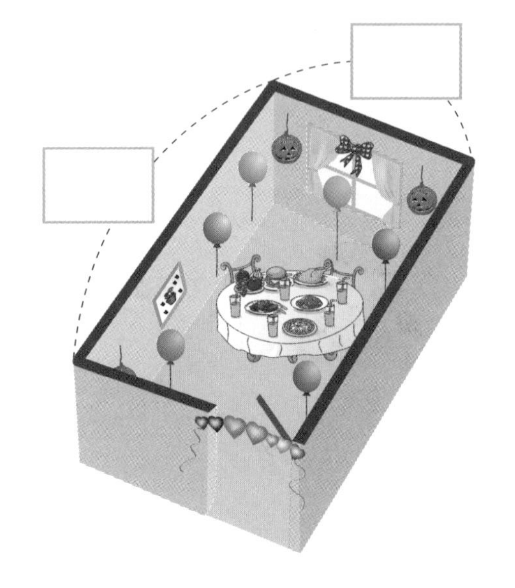

(1) 가로와 세로의 합이 600 cm일 때, 가로와 세로를 각각 예상해 봅시다.

(2) (1)에서 찾은 경우 중에서 가로가 세로보다 100 cm 더 긴 경우가 있습니까?

(3) 조건에 맞도록 길이를 바꾸어 가로와 세로를 각각 구해 봅시다.

2. 창의와 슬기의 대화를 보고, 모자와 가면의 개수를 각각 구해 봅시다.

3. 다음 창문에서 찾을 수 있는 정사각형은 5개입니다. 정사각형의 꼭짓점에 있는 4개의 수들의 합이 서로 같아지도록 호박 모양 안에 숫자 3, 4, 7, 8을 알맞게 써넣어 봅시다.

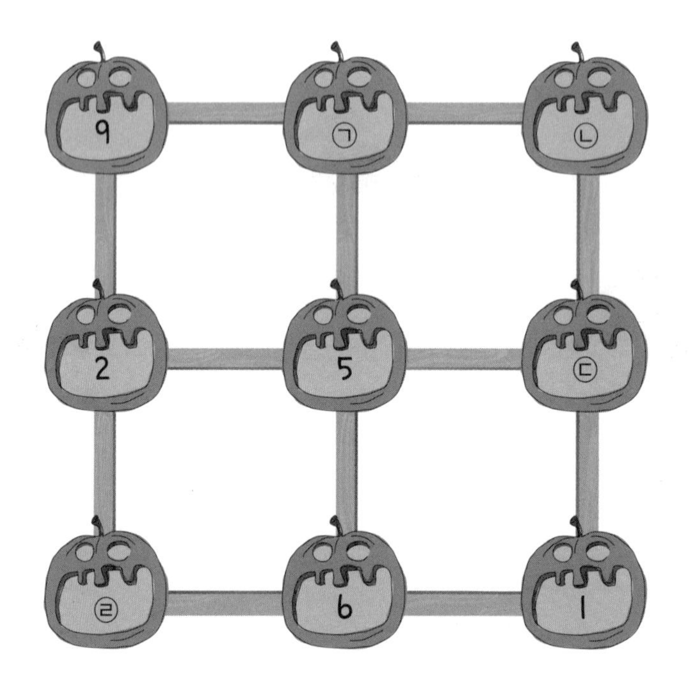

(1) ㉠과 ㉢에 들어갈 수들의 관계를 생각해 보고, ㉠과 ㉢ 안에 들어갈 수 있는 경우를 모두 찾아봅시다.

(2) (1)에서 찾은 경우 중에서 조건에 만족하는 경우를 찾아봅시다.

(3) 정사각형의 꼭짓점에 있는 4개의 수들의 합이 서로 같도록 나머지 빈칸에도 수를 써넣어 완성해 봅시다.

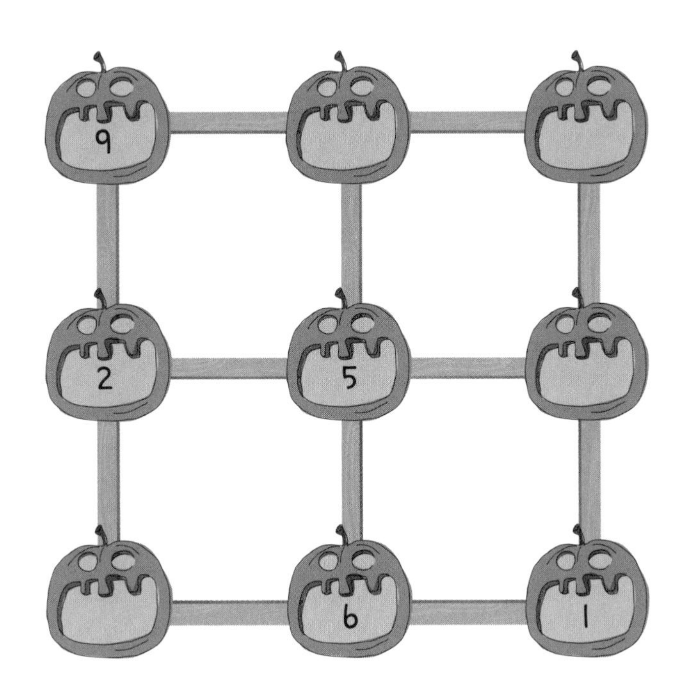

Stage 1. **학교 공부 다지기** 166

Stage 2. **와이즈만 영재탐험 수학** ... 172

Stage 1. 학교 공부 다지기

1 10~11쪽

1. 25 2. 531
3. 5개
4. 12시, 시계의 긴바늘과 짧은바늘이 이루는 각이 직각이 되는 경우는 3시와 9시이다. 3+9=12시이다.
5. 21 cm
6. 4, 어떤 수를 □라 하면 □÷8=2이므로 □=16이다. 16÷4=4이다.

풀이

1. (어떤 수)+465=723이라면 (어떤 수)=258입니다.
(어떤 수)+465가 723보다 작으려면 어떤 수는 258보다 작아야 하므로 25□의 □에 들어갈 수는 0부터 7까지의 수입니다.
3부터 9까지의 수 중에서 3, 4, 5, 6, 7이므로
3+4+5+6+7=25입니다.

2. 주사위를 던져 나온 수로 만들 수 있는 가장 큰 세 자리 수는 654이고, 가장 작은 세 자리 수는 123입니다.
따라서 두 수의 차는 654−123=531입니다.

3. 점 ㄱ을 꼭짓점으로 하는 각: 각 ㄷㄱㄹ, 각 ㄹㄱㅂ, 각 ㅂㄱㄴ, 각 ㄷㄱㅂ, 각 ㄹㄱㄴ, 각 ㄷㄱㄴ로 6개,
점 ㄷ을 꼭짓점으로 하는 각: 각 ㄱㄷㄹ로 1개,
따라서 6−1=5입니다.

4. 긴바늘이 12를 가리키고, 시계의 긴바늘과 짧은바늘이 이루는 각이 직각이 되는 경우는 짧은바늘이 3 또는 9를 가리키는 경우이므로 3시와 9시입니다.
따라서 3+9=12시입니다.

5. 정사각형의 네 변의 길이의 합:
12+12+12+12=48 (cm)
직사각형의 네 변의 길이의 합:
3+3+(다른 한 변의 길이)+(다른 한 변의 길이)
=6+(다른 한 변의 길이)+(다른 한 변의 길이)
=48 (cm)
(다른 한 변의 길이)+(다른 한 변의 길이)
=42 (cm)
(다른 한 변의 길이)=21 (cm)입니다.

6. 어떤 수를 □라 하면 □÷8=2이고,
□=16입니다.
그러므로 16÷4=4입니다.

2 12~13쪽

1. 10시간
2. 민선이가 지효보다 1쪽씩 더 읽었다.
3. 455 4. 963가구
5. 85개, 서주는 17개, 해찬이는 102개 가졌으므로 해찬이가 서주보다 더 많이 가진 구슬의 개수는 85개이다.
6. 11 cm 3 mm

풀이

1. 3대가 1시간 동안 27개를 만드므로
(1대가 1시간 동안 만드는 사탕의 수)=
27÷3=9(개),
기계 1대가 90개를 만드는 데 걸리는 시간이 □라 하면 9×□=90, □=90÷9, □=10(시간)입니다.

2. 지효가 하루 동안 읽은 쪽수: 56÷7=8(쪽)
민선이가 하루 동안 읽은 쪽수: 36÷4=9(쪽)
그러므로 민선이가 하루에 1쪽씩 더 읽었습니다.

3. 곱한 값이 가장 큰 곱셈식을 만들기 위해서는
두 자리 수에 곱하는 한 자리 수에 가장 큰 수를,
두 자리 수의 십의 자리에 둘째로 큰 수를,
두 자리 수의 일의 자리에 셋째로 큰 수를 써야 합니다. 그러므로 곱한 값이 가장 큰 것은 65×7=455입니다.

4. 먼저 현우네 마을에서 자전거 또는 자동차를 가지고 있는 가구 수를 구합니다.
478+335−277=536
따라서 (현우네 마을의 전체 가구 수)=(자동차 또는 자전거를 가지고 있는 가구 수)+(자동차나 자

전거를 가지고 있지 않은 가구 수)
= 536+427=963(가구)입니다.

5. 서주가 가진 구슬: 17개
민정이가 가진 구슬: 17×3=51(개)
해찬이가 가진 구슬: 51×2=102(개)
따라서 해찬이가 서주보다 102−17=85(개) 더 가지고 있습니다.

6. 종이띠 3장의 길이:
4 cm 9 mm+4 cm 9 mm+4 cm 9 mm
=14 cm 7 mm
겹친 부분: 17 mm+17 mm=34 mm
이어 붙인 종이띠의 길이:
147 mm−34 mm=113 mm
=11 cm 3 mm

3 14~15쪽

1. 오전 9시 58분 24초
2. 오후 5시 15분 28초
3. 가장 큰 분수는 $\frac{3}{4}$이고, 가장 작은 분수는 $\frac{3}{8}$이다.
4. 3배 **5.** 6.4
6. 가장 큰 소수는 7.6이고, 가장 작은 수는 0.2이다.

풀이

1. 오전 10시부터 다음 날 오전 10시까지의 시간: 24시간
24시간 동안 느려지는 시간:
24×4초=96초=1분 36초
다음 날 시계가 가리키는 시각:
오전 10시−1분 36초=오전 9시 58분 24초입니다.

2. 줄넘기를 시작해서 끝낼 때까지 걸린 시간:
1시간 5분 18초+4분 57초
=1시간 10분 15초
줄넘기를 시작한 시각:
오후 6시 25분 43초−1시간 10분 15초
=오후 5시 15분 28초입니다.

3. 분자가 같은 경우 분모의 크기가 클수록 작은 수입니다.
그러므로 가장 큰 분수는 $\frac{3}{4}$이고, 가장 작은 분수는 $\frac{3}{8}$입니다.

4. 먹은 빵: 8조각 중 2조각
남은 빵: 8조각 중 6조각
따라서 남은 빵의 양은 먹은 빵의 양의 3배입니다.

5. 6과 $\frac{6}{10}$인 수=6과 0.6만큼인 수=6.6
0.1이 63개인 수=6.3
6.3보다 크고 6.6보다 작은 소수: 6.4, 6.5
따라서 5는 홀수이고 4는 짝수이므로 소수 첫째 자리 수가 짝수인 소수는 6.4입니다.

6. 가장 큰 수는 일의 자리부터 큰 수를 차례로 쓰고, 가장 작은 수는 일의 자리부터 작은 수를 차례로 씁니다.
따라서 가장 큰 소수는 7.6이고, 가장 작은 수는 0.2입니다.

4 16~17쪽

1. ■=4, ▲=5, ▲×▲=□5 이므로,
▲=5이고, ■■0×5+25=2225
이므로 ■=4이다.
2. 73 **3.** 50회
4. 15분 **5.** 98
6. 12 cm

풀이

1. ▲×▲=□5이므로, 같은 수를 곱해서 일의 자리 수가 5인 수는 5입니다. 따라서 ▲=5입니다.
■■0×5+25=2225
■■0×5=2200
■■0=440
■=4입니다.
그러므로 ▲=5, ■=4입니다.

2. 48을 50으로 어림하면 50×70=3500으로 □에 들어갈 수 있는 가장 작은 두 자리 수는 70 근처의 수임을 짐작할 수 있습니다.
48×70=3360, 48×71=3408,

$48\times72=3456$, $48\times73=3504$입니다.
그러므로 □에 들어갈 수 있는 가장 작은 두 자리 수는 73입니다.

3. 3주는 21일입니다.
하루에 30회씩 했으므로 21일 동안
$21\times30=630$(회)했습니다.
(남은 1주 동안 줄넘기 횟수)
=(전체 줄넘기 횟수−3주 동안 줄넘기 횟수)
$=980-630=350$(회)입니다.
남은 1주간 350개를 매일 똑같이 하였으므로
$7\times□=350$,
□=50입니다.
따라서 남은 1주 동안 하루에 50회씩 했습니다.

4. 1시간 30분은 90분입니다.
$90\div6=15$입니다.
따라서 종이 비행기를 한 개 만드는 데 걸린 시간은 15분입니다.

5. 2로 나누었을 때 나누어떨어지는 두 자리 수를 큰 수부터 쓰면 98, 96, 94, 92, 90……
이 중에서 7로 나누었을 때 나누어떨어지는 두 자리 수를 쓰면 $98\div7=14$입니다.
따라서 98입니다.

6. 큰 원의 지름은 32 cm이므로 반지름은 16 cm입니다. 작은 원의 지름은 16 cm이고 반지름은 8 cm입니다.
큰 원 지름에서 작은 원의 반지름을 빼면 중간 원의 지름이 됩니다.
32 cm−8 cm=24 cm입니다.
따라서 중간 원의 반지름은 $24\div2=12$ cm입니다.

5 18~19쪽

1. '400장 만들 수 있습니다.'를
'380장 만들 수 있습니다.'로 고쳐야 한다.
2. 35
3. 13
4. 4 cm
5. 750 mL
6. 5분

풀이

1. 긴 변은 95 cm입니다. 긴 변을 5 cm간격으로 나누면 $95\div5=19$(개)로 나눌 수 있습니다.
짧은 변은 80 cm입니다. 짧은 변을 4 cm 간격으로 나누면 $80\div4=20$(개)로 나눌 수 있습니다.
따라서 만들 수 있는 사각형은 $19\times20=380$(개)입니다.

2. • 어떤 수 $\frac{4}{5}$는 60입니다.
어떤 수의 $\frac{1}{5}$는 $60\div4=15$입니다.
따라서 어떤 수는 $15\times5=75$입니다.
• 어떤 수의 $\frac{7}{15}$은 어떤 수의 $\frac{1}{15}$을 7번 더해준 값입니다. 어떤 수의 $\frac{1}{15}$은 $75\div15=5$이므로 $\frac{7}{15}$은 $\frac{1}{15}$에 7을 곱하는 것과 같습니다.
따라서 (어떤 수의 $\frac{7}{15}$)$=5\times7=35$입니다.

3. $\frac{83}{\triangle}=6\frac{5}{\triangle}$
$83=(\triangle\times6)+5$
$78=\triangle\times6$
$13=\triangle$

4. • 가장 큰 원의 반지름=16 cm
→ 중간 원의 지름=16 cm
• 중간 원의 반지름=8 cm
→ 가장 작은 원의 지름=8 cm
따라서 가장 작은 원의 반지름=4 cm입니다.

5. (그릇 A로 부은 물의 양)=250 mL×3=750 mL
(그릇 B로 부은 물의 양)=500 mL×5=2500 mL
(그릇 C로 부은 물의 양)=(전체 물통에 채워진 물의 양)−(그릇 A로 부은 물의 양)−(그릇 B로 부은 물의 양)=7000−750−2500=3750 mL입니다.
따라서 3750 mL÷5(번)=750 (mL)이므로 그릇 C의 들이는 750 mL입니다.

6. 수도에서 물이 나오는 양은 1분에 1300 mL입니다.
물이 새는 양은 1분에 100 mL이므로 1분 동안 물통에 받을 수 있는 양은 1300−100=1200 (mL)입니다. 물통이 6000 mL이므로

1200×□=6000, □=5입니다.
따라서 물통에 물을 가득 채우는 데 걸리는 시간은 5분입니다.

6 20~21쪽

1. 연필, 지우개, 공책
2. 4650 g
3. 빵 9개, 치킨 15개
4. 가 농장: 520원, 나 농장: 0원, 다 농장: 880원
5. 27
6. 8조 5000억

풀이

1. 지우개 3개의 무게는 연필 6자루의 무게와 같습니다. 연필 6자루의 무게는 공책 2권의 무게와 같습니다.
그러므로 지우개 3개, 연필 6자루, 공책 2권의 무게가 같으므로 가벼운 순서대로 나열하면
연필, 지우개, 공책입니다.

2. 선풍기와 의자의 무게는 8800 g입니다.
선풍기가 500 g 더 무거우므로
의자의 무게는 8800−500=8300 g,
8300÷2=4150 g입니다.
따라서 선풍기의 무게는 4150+500=4650 g입니다.

3. 1반은 빵을 제외한 간식을 좋아하는 학생의 수가 9+11+2=22명이므로, 빵을 좋아하는 학생의 수는 28−22=6명입니다.
2반은 치킨을 제외한 간식을 좋아하는 학생의 수가 3+1+8=12명이므로, 치킨을 좋아하는 학생의 수는 25−12=13명입니다.
따라서 필요한 빵의 개수는 6+3=9개이고, 필요한 치킨의 개수는 2+13=15개입니다.

4. 가 농장의 생산량은 113개, 나 농장의 생산량은 200개, 다 농장의 생산량은 122개입니다. 100개 단위로 시장에 팔고 남은 갯수를 포장해야 하므로 각각의 농장에서 필요한 포장지 값은
가 농장: 13×40=520(원)
나 농장: 0(원)
다 농장: 22×40=880(원)입니다.

5. 1000원 짜리를 제외하고 단위에 따라 입금한 금액을 계산해 보면,
50원×32=1600(원), 100원×68=6800(원),
5000원×7=35000(원),
10000원×12=120000(원),
50000원×3=150000(원)입니다.
이들을 합해 보면
1600+6800+35000+120000+150000
=313400(원)입니다.
따라서 (1000원 짜리로 입금한 금액)=
(전체 입금한 금액−1000원 짜리를 제외한 단위의 입금액)=340400−313400=27000(원)
1000원짜리 □(장)=27000이므로 □=27
입니다.

6. 10억씩 700번 뛰어 세기를 한 것은 1000억씩 7번 한 것과 같습니다.
따라서 9조 2000억에서 1000억씩 거꾸로 7번 뛰어 세기를 하면 9조 2000억−9조 1000억−9조−8조 9000억−8조 8000억−8조 7000억−8조 6000억−8조 5000억입니다.

7 22~23쪽

1. 2개
2. 75°
3. 각도의 합: 300°, 각도의 차: 60°
4. 26°
5. 244개
6. 1

풀이

1. 일곱 자리 수 □□□□□□□에서 40000과 200을 표시하면, □□4□2□□이고, 백만의 자리 숫자는 6이므로 6□4□1□□, 일의 자리와 십의 자리 수를 나타내면 6□4□210입니다
사용하지 않은 수 '3, 5, 7, 8, 9'중에서 십만과 천의 자리 수의 합이 8이므로 8이 되는 수는 (3, 5) 또는 (5, 3)입니다.
그러므로 만들 수 있는 수는
6345210, 6543210으로 2개입니다.

2. 평각은 180°이므로 사각형의 나머지 한 각의 크기는 180°−55°=125°입니다.

사각형의 네 각의 합은 360°이므로 세 각의 합인 $70°+125°+90°=285°$을 360°에서 빼면 ㉠의 값이 됩니다.
따라서 ㉠$=365°-285°=75°$

3. 시곗바늘이 한 바퀴 돌면 360°이므로 12개로 나누어진 시계의 숫자 사이의 각도는 $360 \div 12=30°$입니다.
시계 가: 6칸이므로 $30°\times6=180°$,
시계 나: 4칸이므로 $30°\times4=120°$,
각도의 합: $180°+120°=300°$,
각도의 차: $180°-120°=60°$ 입니다.

4.

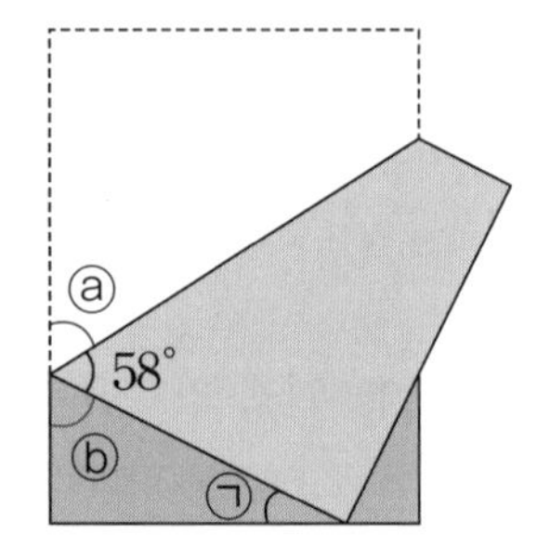

접은 부분의 각의 크기는 같으므로 ⓐ$=58°$입니다. 일직선은 180°이므로 ⓑ$=180°-58°-58°=64°$입니다.
따라서 삼각형의 세 각의 크기의 합이 180°이므로 ㉠$=180°-90°-64°=26°$입니다.

5. (달걀 한 판의 무게)=
$30+(30\times2)=30+60=90$ g이므로,
$758\div90=8\cdots38$,
남은 무게 38 g에서 달걀판의 무게 30 g을 뺀 8 g은 달걀의 무게입니다. $(38-30=8)$
$8\div2=4$이므로 8 g은 달걀 4개의 무게입니다.
따라서 (달걀의 개수)$=8\times30+4=240+4$
$=244$(개)입니다.

6. 나누는 수가 28이므로 나머지는 0~27까지의 수 중 하나입니다.
□ 안에 0부터 차례로 넣으면
$604\div28=21\cdots16$
$614\div28=21\cdots26$
$624\div28=22\cdots8$
따라서 □ 안에 들어갈 수는 0, 1입니다. 합을 구하면 $0+1=1$입니다.

 24~25쪽

1. 140분
2. 4학년 학생 수는 126명이며, 학생 수가 가장 많은 두 반의 학생 수는 76명이다.
3. 400　　4. ㉠
5. ㉠=12, ㉡=20, ㉢=30, ㉣=12
6. $11\times1111111=12222221$

풀이

1. 거울은 원래 모양의 오른쪽과 왼쪽이 바뀌게 됩니다. 그러므로 시계를 오른쪽이나 왼쪽으로 뒤집기를 하면 4시 40분입니다. 7시가 되려면 7시−4시 40분=2시간 20분이므로 140분을 더 기다려야 합니다.

2. 1반은 36명, 2반은 20명, 3반은 30명, 4반은 40명입니다.
(4학년 학생 수)$=36+20+30+40=126$명
(학생 수가 가장 많은 두 반(1반, 4반)의 학생 수)
$=36+40=76$(명)입니다.

3. 계산식을 살펴보면 (2부터 시작하는 연속하는 짝수의 합)=(짝수의 개수)×(짝수의 개수+1)의 규칙을 찾을 수 있습니다.
따라서 (10부터 40까지 짝수의 합)=(2부터 40까지 짝수의 합)−(2부터 8까지 짝수의 합)$=20\times21-4\times5=420-20=400$입니다.

4. 도형을 왼쪽으로 밀어도 도형의 모양은 변하지 않고, 도형을 오른쪽으로 6번 뒤집은 도형은 처음 도형과 같습니다. 그러므로 처음 도형을 아래쪽으로 뒤집은 도형인 ㉠이 정답입니다.

5. 수의 배열을 살펴보면 양 끝의 수는 2이고, 바로 윗줄의 이웃하는 두 수의 합을 쓰는 규칙을 찾을 수 있습니다. 그러므로 ㉠=12, ㉡=20, ㉢=30, ㉣=12입니다.

6. 계산식을 살펴보면 곱해지는 수는 11이고, 곱하는 수의 1이 1개씩 늘어나면 곱의 2가 1개씩 늘어나는 것을 알 수 있습니다.

따라서 여섯째 계산식은
$11\times1111111=12222221$입니다.

9 26~27쪽

1. $\frac{2}{9}+\frac{3}{9}=\frac{5}{9}$
2. 11
3. 91개
4. 50
5. 65°
6. 30, 이등변, 둔각

풀이

1. 분모가 같으므로 카드가 두 개인 9가 분모가 됩니다. 작게 하려면 분자 부분에 작은 수부터 놓습니다.
그러므로 크기가 가장 작고, 두 번째로 작은 진분수는 $\frac{2}{9}$, $\frac{3}{9}$입니다.
만들 수 있는 덧셈식은 $\frac{2}{9}+\frac{3}{9}=\frac{5}{9}$입니다.

2. $5\frac{4}{\square}+2\frac{10}{\square}=8\frac{3}{\square}$, $7\frac{14}{\square}=8\frac{3}{\square}$
$7\frac{14}{\square}=7\frac{\square+3}{\square}$
$14=\square+3$, $\square=11$입니다.

3. 전체를 1로 보았을 때 남은 땅콩은
$1-\frac{4}{13}-\frac{6}{13}=\frac{13}{13}-\frac{10}{13}=\frac{3}{13}$
전체의 $\frac{3}{13}$이 21개이므로,
(전체 땅콩의 개수)$\times\frac{3}{13}=21$,
(전체 땅콩의 개수)$\times3=21\times13=273$,
(전체 땅콩의 개수)$=91$개입니다.

4. 삼각형 ㄱㄴㄹ이 이등변 삼각형이므로
각 ㄴㄱㄹ=각 ㄱㄴㄹ=40°,
각 ㄱㄹㄴ=180°−40°−40°=100°,
각 ㄴㄹㄷ=80°
각 ㄹㄴㄷ=각 ㄹㄷㄴ= 50°입니다.

5. 삼각형 ㄱㄴㄷ에서 ㉠=180°−80°−60°=40°입니다.
삼각형 ㄱㄹㅁ에서 ㉡=180°−80°−75°=25°입니다.
그러므로 ㉠+㉡=40°+25°=65°입니다.

6. 삼각형 ㄱㄴㄷ은 정삼각형이므로 각 ㄱㄴㄷ은 60°이고, 각 ㄱㄴㄹ은 120°입니다. 각 ㄹㄱㄴ은 30°로 삼각형 ㄱㄴㄹ은 두 각의 크기가 같으므로 변의 길이에 따라 분류하면 이등변삼각형입니다. 각 ㄱㄴㄹ이 120° 이므로 각의 크기에 따라 분류하면 둔각삼각형입니다.

10 28~29쪽

1. 2.358
2. 합: 9.83, 차: 0.07
3. 24.32 m
4. 21 m
5. 54°
6. 예 정육각형은 삼각형 4개로 나눌 수 있다.
삼각형의 세 각의 크기의 합은 180°이므로 정육각형의 모든 각의 크기의 합은 180°×4=720°이다.
정육각형은 6개의 각의 크기가 모두 같으므로 정육각형 한 각의 크기는
720°÷6=120°이다.

풀이

1. 십의 자리 숫자가 2, 일의 자리 숫자가 3, 소수 첫째 자리 숫자가 5, 소수 둘째 자리 숫자가 8인 수는 23.58입니다.
그러므로 보기에 제시한 수는 23.58입니다.
23.58의 $\frac{1}{10}$은 2.358입니다.

2. ㉠: 4+0.7+0.18=4.88
㉡: 3+1.9+0.05=4.95
따라서 ㉠+㉡=4.88+4.95=9.83,
㉡−㉠=4.95−4.88=0.07

3. (길이가 6.24 m인 끈 3개와 길이가 2.05 m인 끈 3개의 길이의 합)=6.24+6.24+6.24+2.05+2.05+2.05=24.87 (m)
겹친 부분의 길이는 11 cm=0.11 m이고, 5군데이므로
0.11+0.11+0.11+0.11+0.11=0.55 (m)
따라서 전체 끈의 길이는
24.87−0.55=24.32 (m)입니다.

4. 삼각형 ㄴㄱㄷ은 이등변 삼각형이므로
각 ㄱㄴㄷ=각 ㄱㄷㄴ=60°
따라서 삼각형 ㄱㄴㄷ은 정삼각형이므로
변 ㄴㄷ=7 (cm)입니다.
삼각형 ㄱㄴㄷ의 세 변의 길이의 합은
7+7+7=21 (cm)입니다.

5.

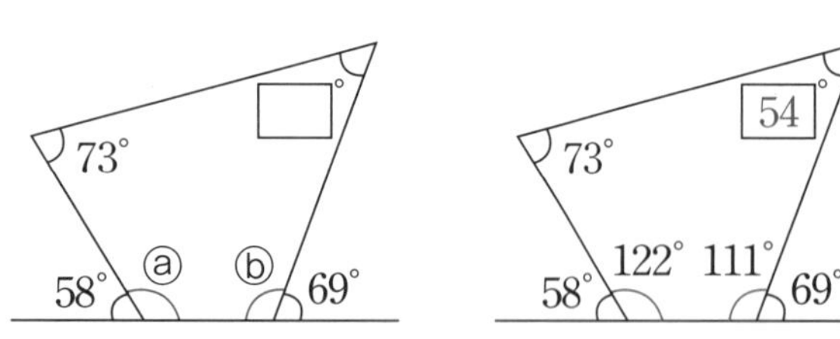

먼저 ⓐ를 구합니다. ⓐ$=180^\circ-58^\circ=122^\circ$입니다.
다음으로 ⓑ를 구합니다. ⓑ$=180^\circ-69^\circ=111^\circ$입니다.
따라서 □$=360^\circ-73^\circ-$ⓐ$-$ⓑ
$=360^\circ-73^\circ-122^\circ-111^\circ=54^\circ$입니다.

6. 정육각형은 삼각형 4개로 나눌 수 있습니다. 삼각형의 세 각의 크기의 합은 180°이므로 정육각형의 모든 각의 크기의 합은 $180^\circ\times4=720^\circ$입니다.
정육각형은 6개의 각의 크기가 모두 같으므로 정육각형 한 각의 크기는
$720^\circ\div6=120^\circ$입니다.

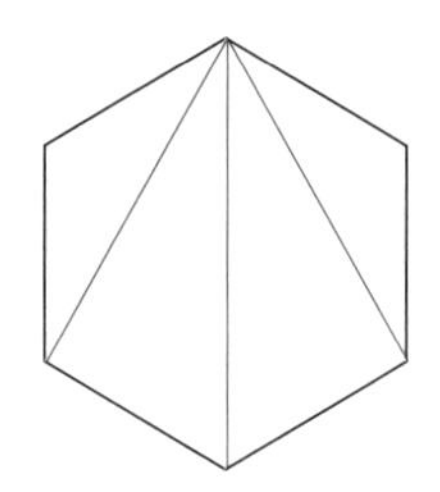

Stage 2. 와이즈만 영재탐험 수학

1 화살표 연산 추리 32~35쪽

수학비밀01 퍼즐의 기호 추리하기

1. (1)

화살표	의미
○→	×2
→	÷2
○→	×3
→	÷3
○→	×5
→	÷5

(2) ○→: 곱셈, →: 나눗셈
빨간색: 2, 파란색: 3, 노란색: 5

(3) 사칙연산 기호는 기호의 앞뒤에 숫자가 있어야 계산할 수 있지만 화살표는 숫자가 하나만 있어도 계산할 수 있다.
예를 들어, 2×의 값은 알 수 없지만 2○→의 값은 4임을 알 수 있다.

수학비밀02 화살표 퍼즐 완성하기

1. (1)

16 → 8 → 4
4 ↙ 2 ↙ 1
1 ○→ 3 ○→ 9

(2)

4 → 2 → 1
12 ↑ 4, 2 ○↓ 6, 1 ○↓ 3
12 → 6 ←○ 3

(3)

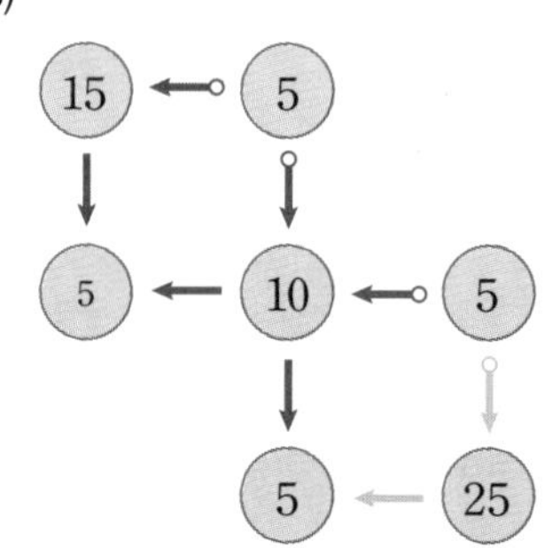

2 덧셈과 뺄셈 식 만들기 36~39쪽

수학비밀03 식 만들기

1. (예시 답안)
   (1) 8+5−7=6
   (2) 68+49−53=64
   (3) 9+5+4−3=15
   (4) 89+78−45−23=99
2. (1) 681−319−77+3=288
   (2) 892+153−38−16=991

3 가면을 쓴 숫자 퍼즐 해결하기 40~43쪽

수학비밀04 가면을 쓴 숫자 추리하기

1. A=9, B=0, C=1
2. (1) ◎=1, (두 자리 수)+(두 자리 수)에서 받아올림하여 백의 자리 숫자로 가능한 수는 1이므로 ◎=1이다.
   (2) ◎=1, ☆=9, △=8

수학비밀05 복면산 해결하기

1. (1) ◎=9, 십의 자리 계산에서 같은 두 수를 빼면 그 값은 0 또는 9(받아내림이 있는 경우)인데 백의 자리 숫자는 0이 될 수 없으므로 ◎=9이다.
   (2) ◎=9, ◇=4, ☆=5
2. △=1, ◎=5, ☆=6, ◇=2이다.

풀이

수학비밀01 퍼즐의 기호 추리하기

1. 같은 화살표는 같은 의미를, 다른 화살표는 다른 의미를 나타냅니다. 화살표의 약속된 의미를 추리하여 문제를 해결합니다.

수학비밀02 화살표 퍼즐 완성하기

1. (2) 화살표의 역방향에 있는 칸에 알맞은 수를 찾을 때 빈 칸을 □로 정하고 식으로 표현하여 해결할 수 있습니다.

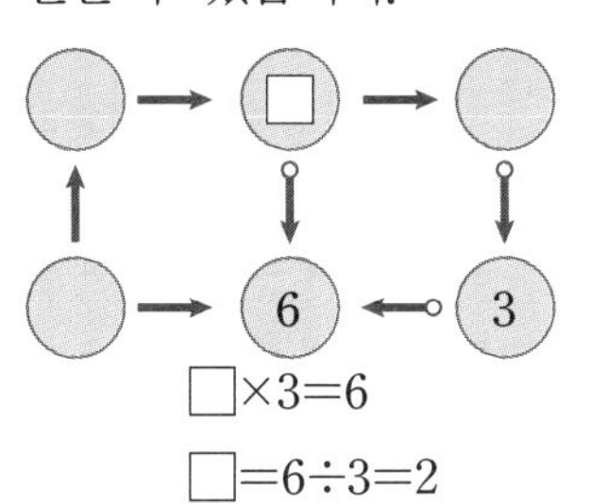

□×3=6

□=6÷3=2

수학비밀04 가면을 쓴 숫자 추리하기

1.
```
    A B B
+   C B B
---------
  C B B B
```
에서 백의 자리 숫자 A와 C를 더해 받아올림하여 천의 자리 숫자(C)가 될 수 있는 수는 1이므로 C=1입니다.

```
    A B B
+   1 B B
---------
  1 B B B
```
이때, A=9 또는 A=8이므로 두 가지 경우로 나누어 알아봅니다.

① A=9인 경우

```
    9 B B
+   1 B B
---------
  1 B B B
```
에서 B=0 또는 B=1인데 1은 이미 사용되었으므로 B=0입니다.

```
⇨   9 0 0
+   1 0 0
---------
  1 0 0 0
```

② A=8인 경우

```
    8 B B
+   1 B B
---------
  1 B B B
```
에서 B=0이면

```
    8 0 0
+   1 0 0
---------
  1 0 0 0
```
이므로 성립하지 않습니다.

따라서 A=9, B=0, C=1입니다.

2. (2)
```
    ☆ ☆
+   ◎ ☆
--------
  ◎ ◎ △
```
에서 (두 자리 수)+(두 자리 수)에서 받아올림하여 백의 자리 숫자로 가능한 수는 1이므로 ◎=1입니다.

```
    ☆ ☆
+   1 ☆
--------
  1 1 △
```
이때, 연산 결과의 십의 자리 숫자가 1이 되려면 ☆=9이고, 일의 자리에서 받아올림이 있어야 합니다.

```
    9 9
+   1 9
--------
  1 1 △
```
에서 △=8입니다.

```
⇨   9 9
+   1 9
--------
  1 1 8
```

따라서 ◎=1, ☆=9, △=8입니다.

수학비밀05 복면산 해결하기

1. (2)
```
  ◎ ☆ ◇
- ◇ ☆ ◎
--------
  ◇ ◎ ☆
```
십의 자리 계산에서 같은 두 수를 빼면 ◎=0이거나 받아내림이 있는 경우 10+(☆−1)−☆=◎이므로 ◎=9인데, 백의 자리 숫자로는 0이 될 수 없으므로 ◎=9입니다.

$$\begin{array}{r} 9\ ☆\ ◇ \\ -\ ◇\ ☆\ 9 \\ \hline ◇\ 9\ ☆ \end{array}$$

에서 십의 자리와 백의 자리에 받아내림이 있다는 것을 알 수 있으므로 9−1−◇=◇, ◇=4이고, 10+◇−9=10+4−9=☆, ☆=5입니다.

⇨ $$\begin{array}{r} 9\ 5\ 4 \\ -\ 4\ 5\ 9 \\ \hline 4\ 9\ 5 \end{array}$$

따라서 ◎=9, ◇=4, ☆=5입니다.

2. $$\begin{array}{r} ◎\ ☆\ ◎ \\ +\ ◎\ ☆\ △ \\ \hline △\ △\ ◇\ ☆ \end{array}$$

에서 (세 자리 수)+(세 자리 수)=(네 자리 수)이므로 △=1입니다.

$$\begin{array}{r} ◎\ ☆\ ◎ \\ +\ ◎\ ☆\ 1 \\ \hline 1\ 1\ ◇\ ☆ \end{array}$$

백의 자리에서 받아올림이 있어야 하므로 ◎=5가 되고, 일의 자리에서 ◎+1=5+1=☆이므로 ☆=6입니다.

$$\begin{array}{r} 5\ 6\ 5 \\ +\ 5\ 6\ 1 \\ \hline 1\ 1\ ◇\ 6 \end{array}$$

십의 자리에서는 백의 자리로 받아올림이 있고, ◇=2가 됩니다.

⇨ $$\begin{array}{r} 5\ 6\ 5 \\ +\ 5\ 6\ 1 \\ \hline 1\ 1\ 2\ 6 \end{array}$$

따라서 △=1, ◎=5, ☆=6, ◇=2입니다.

④ 돌리고 뒤집고, 도형 탐구 44~47쪽

수학비밀06 알파벳을 돌리고 뒤집고

1. (1) H, I, N, U, Z (2) M, W (3) O, X
2. (1) A, H, I, M, O, T, U, V, W, X, Y
   알파벳을 오른쪽으로 뒤집었을 때와 왼쪽으로 뒤집었을 때 서로 같다.
   (2) B, C, D, E, H, I, O, X
   알파벳을 아래로 뒤집었을 때와 위로 뒤집었을 때 서로 같다.

수학비밀07 한글을 돌리고 뒤집고

1. 모, 묘, 무, 소, 쇼, 수, 오, 요, 우, 포, 표, 푸, ……
   이외에도 다양한 답이 가능하다.
2. 를, 뭄, 응, (표)

풀이

수학비밀06 알파벳을 돌리고 뒤집고

1. (1) • H를 (그림) 방향으로 돌리면 I가 될 수 있습니다. 마찬가지로 I를 (그림) 방향으로 돌리면 H가 될 수 있습니다.
   • N을 (그림) 방향으로 돌리면 Z가 될 수 있습니다. 마찬가지로 Z를 (그림) 방향으로 돌리면 N이 될 수 있습니다.
   • U를 (그림) 방향으로 돌리면 C가 될 수 있습니다.

수학비밀07 한글을 돌리고 뒤집고

1. 좌우대칭이 되는 글자를 찾으면 됩니다. ㅁ, ㅂ, ㅅ, ㅇ, ㅈ, ㅊ, ㅍ, ㅎ과 같이 자음과 ㅗ, ㅛ, ㅜ, ㅠ, ㅡ와 같은 모음들은 좌우대칭이 되므로 이들 자음과 모음을 합한 글자는 모두 가능합니다.

2. 엄밀하게 글자 '표'는 반 바퀴 돌렸을 때 원래 글자와 똑같다고 보기 어렵지만, 시각적으로 '표'라고 확인이 가능하므로 정답으로 인정합니다. 반면 글자 '픞'은 반 바퀴 돌렸을 때 원래 글자와 똑같지만 실제 사용하지 않는 글자이므로 정답에서 제외합니다.

⑤ 원의 탐구와 문제 해결 48~51쪽

수학비밀08 원의 탐구

1. (1)

(가)	(나)
①, ③, ⑦, ⑧	②, ④, ⑤, ⑥, ⑨

(가)는 동그란 모양이고, (나)는 길고 둥근 모양이다. (가)는 원이고, (나)는 원을 한쪽에서 잡아 늘린 길쭉한 모양이다.
(가)는 축구공이고, (나)는 럭비공이다.

(2) ①, ③, ⑦, ⑧

수학비밀09 원의 지름과 반지름의 관계

1. (1) 4개 (2) 8개
   원의 지름의 길이는 원의 반지름의 길이의 2배이다.
2. (1) 10개 (2) 2개
   (3) 원의 반지름의 길이: 4 cm,
   직사각형의 세로: 8 cm

풀이

수학비밀09 원의 지름과 반지름의 관계

2. (3) 직사각형의 가로는 원이 반지름의 길이 10개

와 같으므로, 원의 반지름의 길이는 $40 \div 10 = 4$ (cm)입니다. 그리고 직사각형의 세로는 원의 반지름의 길이 2개와 같으므로 $4 \times 2 = 8$ (cm)입니다.

⑥ 논리적으로 생각하기(1) 52~61쪽

수학비밀 10 순서 정하기

1. (예시 답안)

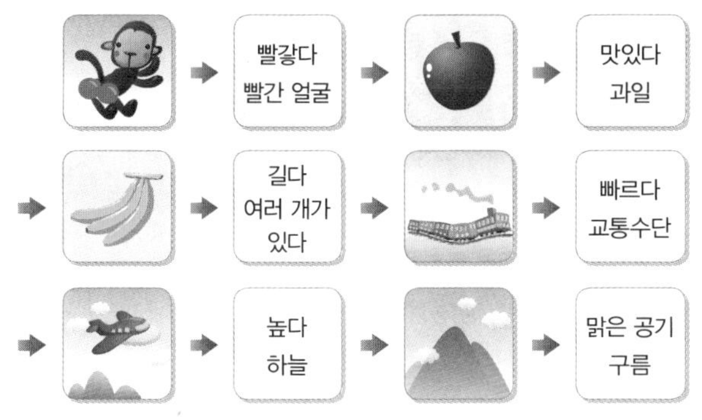

2. (1) (예시 답안)

① 봄 → 3월 → 입학 → 교과서 → 책

② 봄 → 새싹 → 나무 → 책상 → 책

(2) (예시 답안)

① 가을 → 추수 → 곡식 → 도시락 → 운동회

② 가을 → 단풍 → 소풍 → 잔디밭 → 운동회

3. (예시 답안) (풀이 참조)

(윗줄 왼쪽부터 시계 방향으로) 3, 2, 1, 4

① 오늘 친구들과 함께 축구를 하는데 너무 더워서 땀이 계속 났다.

② 그래서 축구를 끝내고 팥빙수를 3그릇이나 먹었다.

③ 그런데 집에 돌아오는 길에 너무 배가 아프기 시작했고 아파서 걷지도 못할 정도였다.

④ 집에 돌아와서 어머니한테 말씀드렸다가 꾸중만 들었다. 다음부터는 절대로 한꺼번에 너무 많이 먹지 않기로 약속했다.

수학비밀 11 톱니바퀴의 방향

1. (1) 창의: 사실이다. 지혜: 사실이 아니다.

체인은 톱니바퀴가 돌아가는 힘을 전달해 주는 역할을 한다. ①번 바퀴와 ②번 바퀴, ③번 바퀴와 ④번 바퀴와 같이 체인이 1자 연결이 되어 있으면 톱니바퀴가 돌아가는 방향으로 체인도 움직이므로 ①번 바퀴와 ②번 바퀴, ③번 바퀴와 ④번 바퀴는 각각 같은 방향으로 돌아간다. 그러나 ①번 바퀴와 ③번 바퀴와 같이 체인이 8자 연결 되어 있으면 체인이 움직이는 방향이 바뀌게 되어 ③번 바퀴는 ①번 바퀴와 반대 방향으로 움직인다.

(2) '③번 바퀴는 시계 방향으로 돌고'

→ '③번 바퀴는 시계 반대 방향으로 돌고'

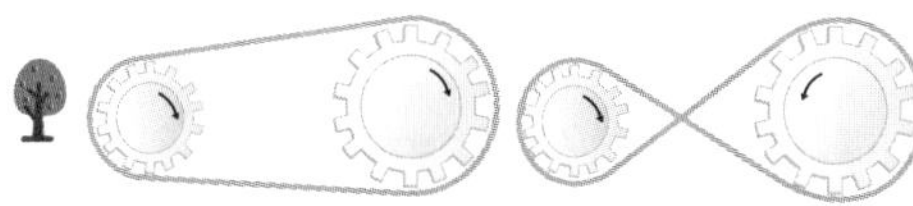

2. (1)

(2)

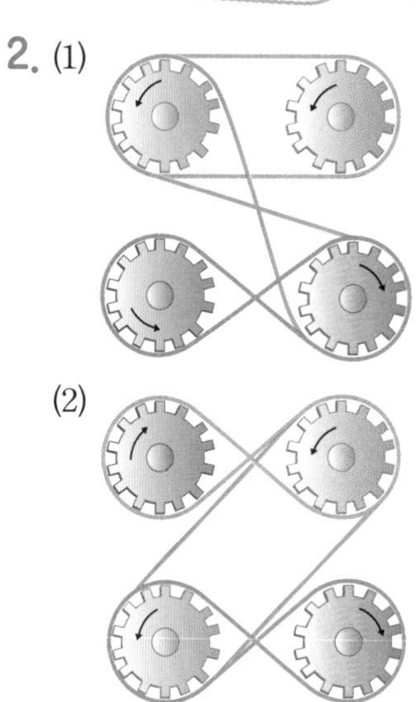

3. (예시 답안)

(1)

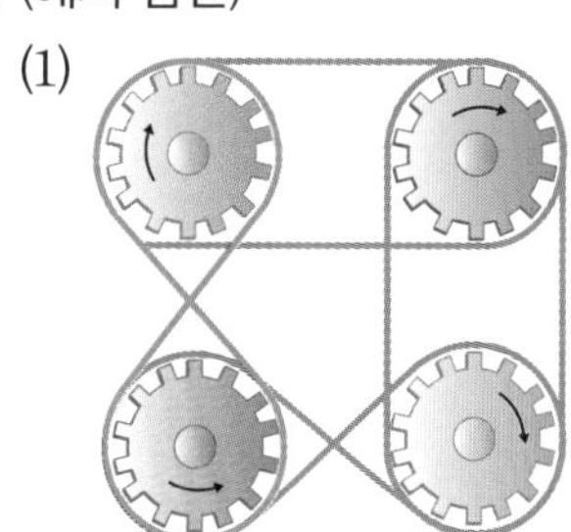

(2)

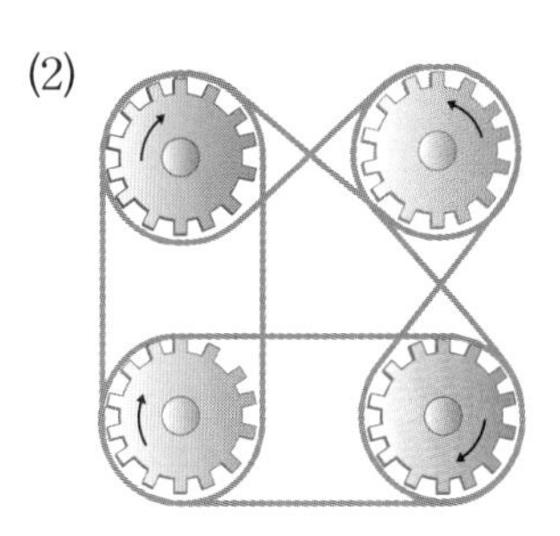

수학비밀 12 라틴 방진 해결하기

2. (1)

2	4	3	1
4	3	1	2
1	2	4	3
3	1	2	4

(2)

4	1	2	3
3	2	1	4
1	4	3	2
2	3	4	1

3. (1) (예시 답안) (풀이 참조)

4	2	1	3
	3		
		2	
			1

또는

4			3
	3		2
		2	4
			1

(2)

4	2	1	3
1	3	4	2
3	1	2	4
2	4	3	1

4.

4	3	2	1
2	4	1	3
1	2	3	4
3	1	4	2

5.

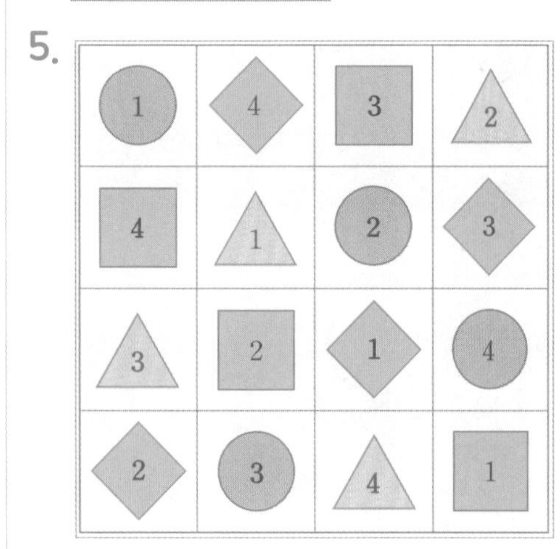

풀이

수학비밀 10 순서 정하기

3. 그림일기를 보고 시간의 흐름에 따라 일어날 수 있는 상황의 순서를 정합니다. 이야기를 만들고 자연스럽게 연결합니다.

수학비밀 11 톱니바퀴의 방향

3. 같은 방향으로 회전하는 톱니바퀴와 반대 방향으로 회전하는 톱니바퀴를 연결하는 체인을 구분하여 그려 줍니다. 이때 하나의 톱니바퀴가 돌아가면 모든 톱니바퀴가 정해진 방향으로 돌아갈 수 있도록 체인이 연결되어야 합니다.

수학비밀 12 라틴 방진 해결하기

3. (1) <그림 1>에서 A, B자리에 들어갈 수 있는 숫자는 각각 1, 2입니다. 라틴 방진의 규칙에 의해서 B자리에는 2가 들어갈 수 없으므로 B자리에는 반드시 1이 들어가야 합니다. 같은 방법으로 <그림 2>에서 C, D 자리에 들어갈 수 있는 숫자는 각각 2, 4입니다. 라틴 방진의 규칙에 의해서 D자리에는 2가 들어갈 수 없으므로 D자리에는 반드시 4가 들어가야 합니다.

4	A	B	3
	3		
		2	
			1

<그림 1>

4			3
	3		C
		2	D
			1

<그림 2>

시행착오를 통한 해결이 아니라 먼저 머릿속에서 논리적으로 생각하여 확실한 부분에만 숫자를 써넣습니다.

⑦ 다람쥐방 퍼즐 해결하기

62~69쪽

수학 비밀 13 다람쥐 방 퍼즐

1. (1)

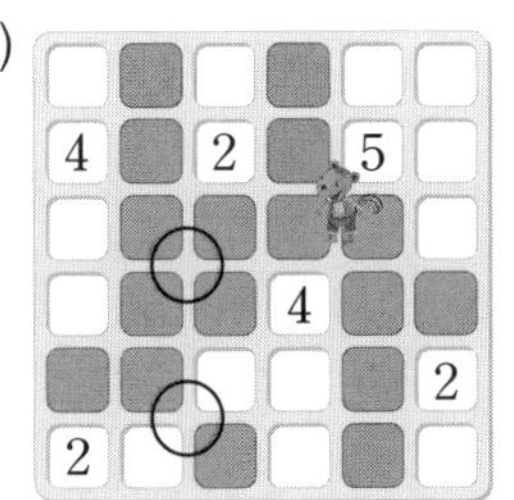

(2)

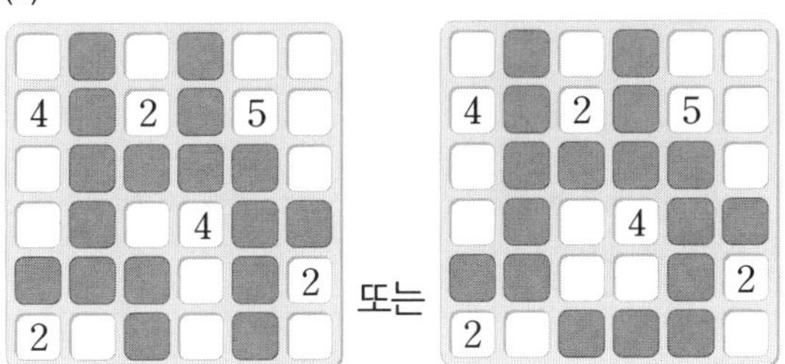

2. (1)

(2)

3. (1)

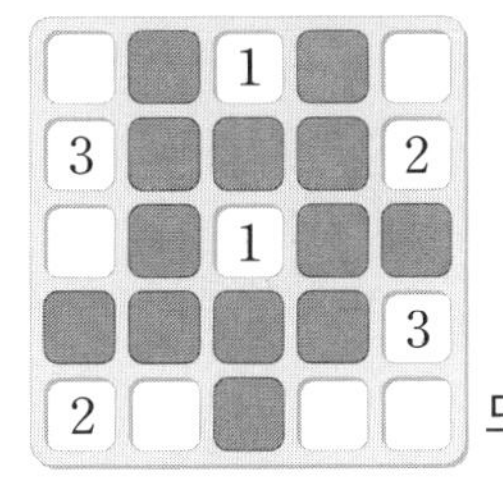

또는

(2)

다람쥐 방 퍼즐의 규칙 ②번에 의해 숫자 1의 가로와 세로로 접하는 칸은 반드시 통로여야 한다. 또한 숫자와 숫자 사이의 방도 반드시 통로여야 한다.

수학 비밀 14 다람쥐 방 퍼즐의 해결 전략

1. (1) ① 1을 둘러싼 칸은 모두 통로가 되어야 한다.

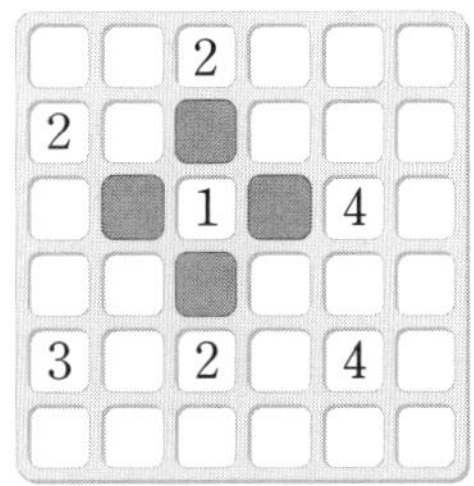

② 두 숫자가 한 칸만 떨어져 있는 경우, 두 숫자 사이에 있는 칸은 모두 통로가 되어야 한다.

(2) ① 1을 둘러싼 칸은 모두 통로가 되어야 하므로 방의 모양이 확실하다.

② 2를 둘러싼 칸이 3곳이 막혀 있으므로 나머지 한 곳은 방임이 확실하다.

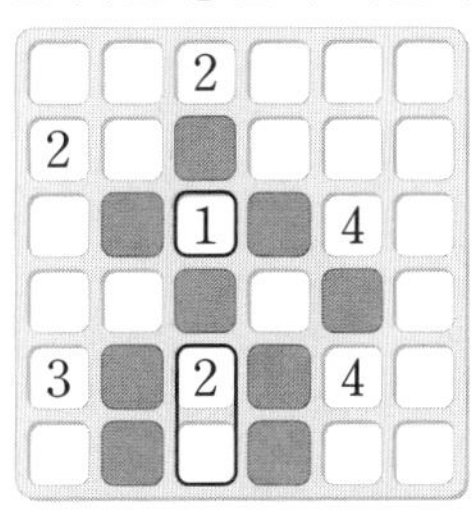

(3) ① 통로가 모두 연결되어야 하므로 통로가 떨어져있는 곳을 통로로 연결한다.

② 방의 크기에 맞도록 통로로 막는다.

(4)

	■	2		■	
2	■	■	■	■	
■	■	1	■	4	
	■	■	■	■	■
3	■	2	■	4	
	■		■		

(예시 답안)

① 숫자 1 주위의 빈칸을 모두 통로로 색칠하고, 두 숫자 사이가 한 칸인 곳을 모두 색칠한다.

② 방의 모양이 확실한 곳을 먼저 찾아 통로가 되는 빈칸을 색칠한다.

③ 방의 크기를 생각하여 통로로 방을 막는다.

④ 통로가 모두 연결될 수 있도록 빈칸을 색칠한다.

2. (1)

			■		
		6	■	5	
■	■	■	■	■	
	2	■	1	■	■
■	■	■	■	4	
	3		■		

(2)

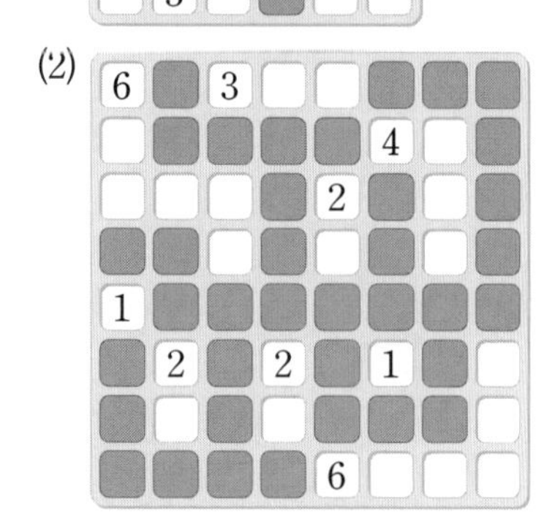

(3)

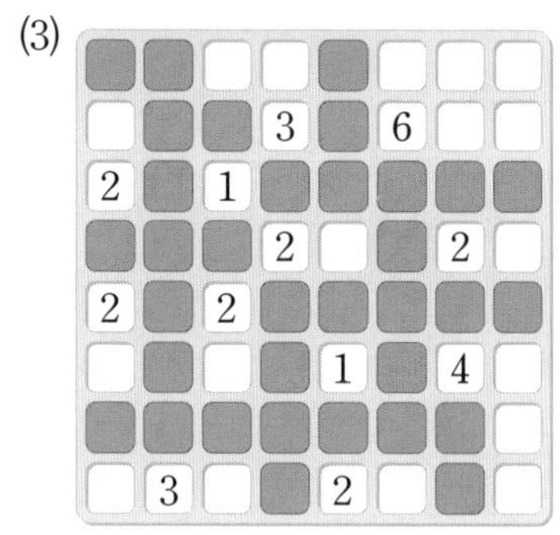

풀이

수학비밀 13 다람쥐 방 퍼즐

1. (1) 통로가 한 칸으로만 되어야 하는데 두 칸으로 되어 있는 부분이 있습니다. 통로가 모두 연결되어야 하는데 연결되지 않은 부분이 있습니다.

2. (1) 방과 방 사이에는 통로를 놓아 만들어야 하는데 방과 방이 이어져 있습니다. 통로가 한 칸으로만 되어야 하는데 두 칸으로 되어 있는 부분이 있습니다.

⑧ 논리적으로 생각하기(2) 70~75쪽

수학비밀 15 논리 추리

1. 슬기, 영재, 창의

2. 창의

수학비밀 16 숫자 추리

1. (1) 첫째 번 카드의 수는 1, 2, 4중 하나라는 것을 알 수 있다.

(2) 힌트 2 에서 4, 2, 1 또는 1, 2, 4라는 것을 알았고, 힌트 3 에서 4, 2, 1, 3 또는 3, 1, 2, 4라는 것을 알았다.

(3) 4, 2, 1, 3

2. (1) 2134 (2) 24153

풀이

수학비밀 15 논리 추리

1. ① 창의의 말에 따르면 창의가 세 사람 중에서 점수가 가장 낮은 것을 알 수 있습니다.

> > 창의

② 영재의 말에 의해서 영재는 슬기보다 점수가 낮다는 것을 알 수 있습니다.

슬기 > 영재 > 창의

2. 표를 이용하여 문제를 해결합니다.

① 창의의 말에 따르면 창의는 키가 가장 크지 않습니다.

	1	2	3	4
창의	×			
지혜				
슬기				
영재				

② 지혜의 말에 따르면 지혜는 키가 가장 크다는 것을 알 수 있습니다.

	1	2	3	4
창의	×			
지혜	○	×	×	×
슬기	×			
영재	×			

③ 슬기와 영재의 말에 따르면 영재는 창의보다 크고 슬기는 창의보다 작다는 것을 알 수 있습니다. 따라서 키가 큰 순서는 영재, 창의, 슬기입니다.

	1	2	3	4
창의	×	×	○	×
지혜	○	×	×	×
슬기	×	×	×	○
영재	×	○	×	×

따라서 키가 둘째로 작은 사람은 창의입니다.

수학비밀16 숫자 추리

1. (3) 4, 2, 1, 3 또는 3, 1, 2, 4인데 첫째 번 카드의 수는 3이 아니라고 했으므로 4, 2, 1, 3이 됩니다.

2. (1) ① 숫자 1은 2와 3 사이에 있으므로 천의 자리의 숫자가 아닙니다.
② 숫자 3은 4와 1 사이에 있으므로 천의 자리의 숫자가 아닙니다.
③ 숫자 4는 천의 자리의 숫자가 아니라고 했으므로 천의 자리의 숫자는 2임을 알 수 있습니다.
④ 숫자 1은 2와 3 사이에 있고, 숫자 3은 4와 1 사이에 있으므로 백의 자리의 숫자는 1, 십의 자리의 숫자는 3, 일의 자리의 숫자는 4임을 알 수 있습니다.
따라서 영재가 생각한 숫자는 2134입니다.

(2) ① 천의 자리의 숫자는 3과 5가 아니라고 했으므로 천의 자리의 숫자는 1, 2, 4가 될 수 있습니다.
② 이때, 천의 자리의 숫자가 1, 2일 경우, '만의 자리의 숫자는 천의 자리의 숫자보다 작지만 백의 자리 숫자보다는 크다'라는 조건을 만족할 수 없으므로 1, 2는 천의 자리 숫자가 아닙니다.
③ 천의 자리의 숫자가 4일 경우 주어진 조건을 만족하는 숫자는 24153, 34125, 34215의 3가지 경우가 될 수 있습니다.
④ '일의 자리의 숫자는 만의 자리의 숫자보다 크지만, 십의 자리의 숫자보다는 작다'라는 조건을 만족하는 수를 찾으면 24153만 될 수 있습니다.

⑨ 자석 배치 퍼즐 해결하기 76~79쪽

수학비밀17 자석 배치 퍼즐의 해결전략

1. (1)

■	+	−	+	2	1
■	−	■	■	0	1
−	■	■	+	1	1
+	−	+	−	2	2
1	1	1	2	+	
1	2	1	1		−

(2)

■	■	−	+	1	1
+	■	+	−	2	1
−	■	−	+	1	2
+	−	■	■	1	1
2	0	1	2	+	
1	1	2	1		−

2. (1)

						3	2
−	+			+	−	2	3
+	−	+	−	−	+	3	3
						2	2
						2	3
						2	1
3	2	3	1	2	3	+	
3	3	1	2	2	3		−

▭ 안의 정보(+극 3개, −극 3개)를 이용하면 위와 같이 그 줄의 모든 칸에는 자석이 놓여야 함을 알 수 있다.

(2)

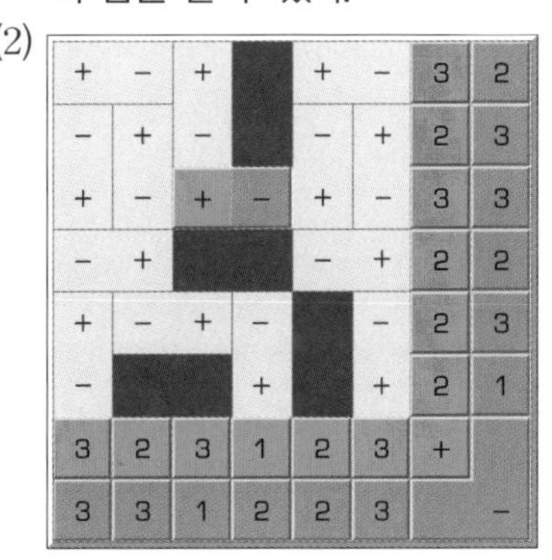

[자석 배치 퍼즐 해결 방법]

① +극과 −극 개수의 합이 6인 줄에는 모두 자석이 놓여야 한다.

② 주어진 자석에 인접한 곳을 먼저 알아본다.

③ 퍼즐판에 쓰인 숫자를 보고 자석이 놓여야 하는 곳과 돌이 놓여야 하는 곳을 먼저 생각해 본 후, +극과 −극을 결정한다.

수학비밀 18 여러 가지 자석 배치 퍼즐

1. (1)

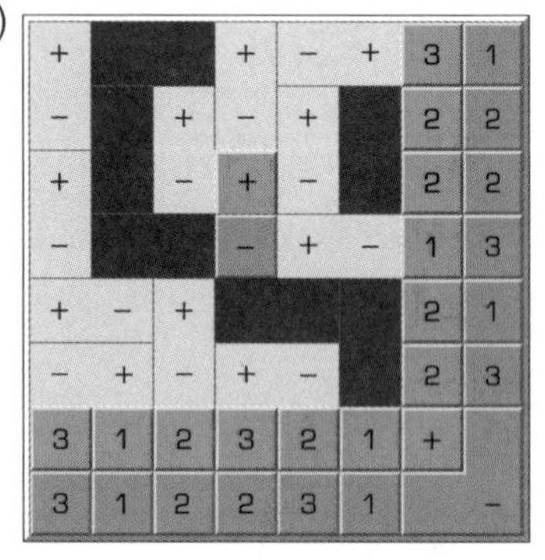

(2)

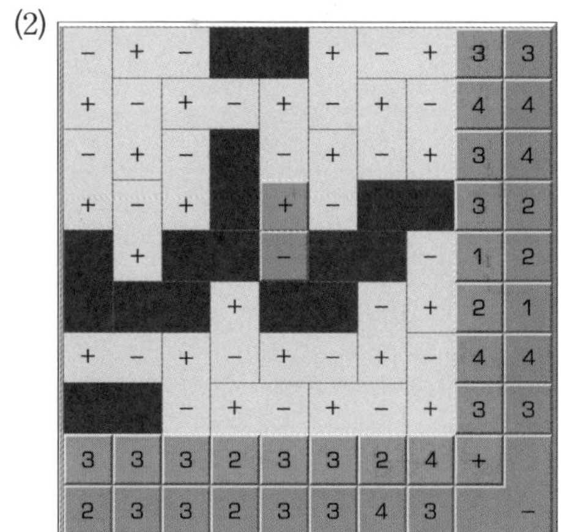

풀이

수학비밀 17 자석 배치 퍼즐의 해결전략

1. (1) 시행착오를 통한 퍼즐 해결이 아니라 논리적으로 생각해 보고 확실한 부분에만 표시하여 해결합니다.

2. (2) 자석이 놓여야 하는 부분이나 돌이 놓여야 하는 부분을 찾고 그 이유를 설명하는 과정을 반복하면서 퍼즐을 해결합니다.

10 분수 탐구 80~91쪽

수학비밀 19 분수의 크기

1. (1) 24개의 $\frac{1}{4}$은 24를 4로 등분한 것 중의 1이므로 6개이다.

(2) 3000원

(3) 24개의 $\frac{1}{3}$이므로 24를 3으로 등분한 것 중의 1인 8개이다.

2. $\frac{1}{4}$, $\frac{1}{6}$

3. (예시답안)

나는 오늘 도현, 병현과 함께 구슬 놀이를 했다. 나는 내가 가지고 있던 18개의 구슬 중 $\frac{1}{3}$인 6개를 잃었고, 도현이는 처음 가지고 있던 20개의 $\frac{1}{4}$인 5개를 잃었다. 과연 병현이는 구슬이 얼마나 많아졌을까?

4.

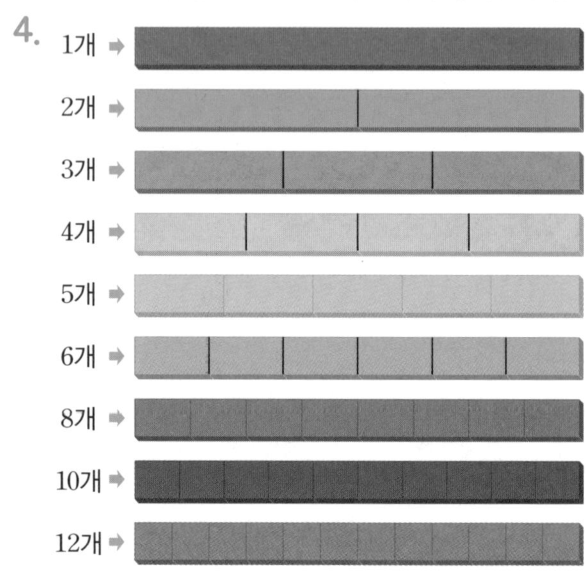

5. (1) $\frac{1}{2}$ (2) $\frac{1}{4}$ (3) $\frac{1}{5}$ (4) $\frac{1}{10}$

6. (1) $\frac{1}{2}$ (2) $\frac{2}{3}$ (3) $\frac{4}{6}$ (4) $\frac{5}{8}$

7.

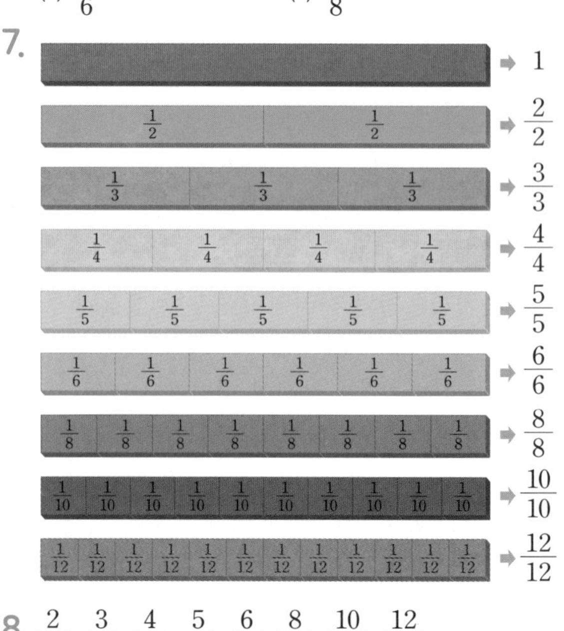

8. $\frac{2}{2}$, $\frac{3}{3}$, $\frac{4}{4}$, $\frac{5}{5}$, $\frac{6}{6}$, $\frac{8}{8}$, $\frac{10}{10}$, $\frac{12}{12}$

분모와 분자가 같은 수로 이루어져 있다.

수학비밀 20 크기가 같은 분수들

1. (1) (예시 답안)

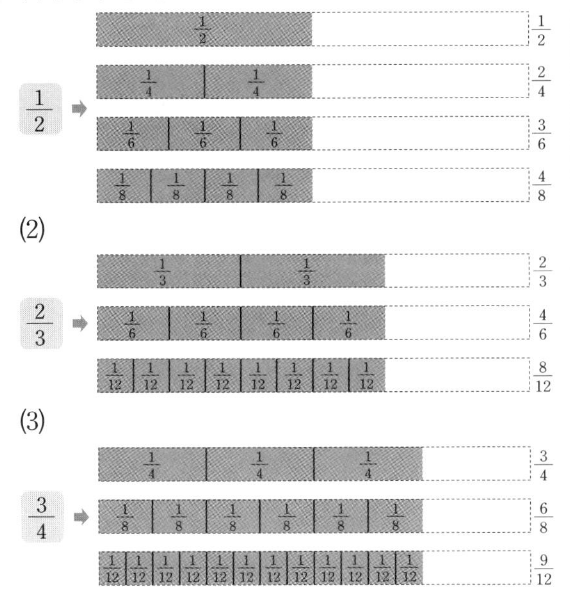

2. 주어진 분수의 분모와 분자에 같은 수를 곱하여 만들어진 분수이다. 분모와 분자에 0이 아닌 같은 수를 곱하거나 0이 아닌 같은 수를 나누어 크기가 같은 분수를 만들 수도 있다.

수학비밀 21 부분과 전체

1. $\frac{1}{2}$, $\frac{1}{20}$, $\frac{1}{10}$
2. $\frac{1}{4}$, $\frac{1}{40}$, $\frac{1}{20}$
3. • 전체 사과의 개수에 따라 사과 10개, 1개, 2개를 나타내는 분수의 크기가 달라진다.
   • 전체 사과의 개수가 늘어남에 따라 사과 10개씩, 1개씩, 2개씩 묶었을 때, 묶음의 수가 많아진다.
   • 전체 사과의 개수가 2배 늘어남에 따라 사과 10개씩, 1개씩, 2개씩 묶었을 때, 묶음의 수가 2배로 커졌다. 즉, 분모만 모두 2배씩 커졌다.
4. (1) $\frac{1}{2}$ (2) $\frac{1}{3}$
   (3) $\frac{1}{2}$ (또는 $\frac{3}{6}$) (4) $\frac{3}{4}$
   (5) 도형 가는 도형 마의 $\frac{1}{3}$ (또는 $\frac{2}{6}$), 도형 나는 도형 마의 $\frac{2}{3}$ (또는 $\frac{4}{6}$)

풀이

수학비밀 19 분수의 크기

1. (2) 500원짜리 동전이 6개이므로 3000원입니다.

2. 별 스티커 20개 중에서 5개는 20개의 4묶음 중의 한 묶음이며, 이를 분수로 나타내면 $\frac{1}{4}$입니다. 하트 스티커 18개 중에서 3개는 18개의 6묶음 중의 한 묶음이며, 이를 분수로 나타내면 $\frac{1}{6}$입니다.

4. 색 막대의 길이가 12 cm이므로 주어진 조각의 수에 맞게 정확히 나눕니다.
(길이가 12 cm인 9가지 색종이를 각각 준비하여 접어 보면서 문제를 해결해도 좋습니다.)

6. (1) 전체를 2로 등분한 것 중의 1이므로 $\frac{1}{2}$입니다.
   (2) 전체를 3으로 등분한 것 중의 2이므로 $\frac{2}{3}$입니다. 또, $\frac{1}{3}$이 2개이므로 $\frac{2}{3}$입니다.
   (3) 전체를 6으로 등분한 것 중의 4이므로 $\frac{4}{6}$입니다. 또, $\frac{1}{6}$이 4개이므로 $\frac{4}{6}$입니다.
   (4) 전체를 8로 등분한 것 중의 5이므로 $\frac{5}{8}$입니다. 또, $\frac{1}{8}$이 5개이므로 $\frac{5}{8}$입니다.

수학비밀 20 크기가 같은 분수들

1. (1) 교재 삽지 부록(분수 막대)을 이용합니다. 분수 막대를 붙이는 것이 아니라 연필로 나타냅니다.
   • 정답 외에 아래와 같이 다른 답안도 있습니다.

$\frac{1}{10}$ | $\frac{1}{10}$ | $\frac{1}{10}$ | $\frac{1}{10}$ | $\frac{1}{10}$ → $\frac{5}{10}$

$\frac{1}{12}$ | $\frac{1}{12}$ | $\frac{1}{12}$ | $\frac{1}{12}$ | $\frac{1}{12}$ | $\frac{1}{12}$ → $\frac{6}{12}$

수학비밀 21 부분과 전체

1. 사과 20개를 10개씩 묶으면 2묶음이 되므로 사과 10개는 전체의 $\frac{1}{2}$입니다. 사과 20개를 1개씩 묶으면 20묶음이 되므로 사과 1개는 전체의 $\frac{1}{20}$이 됩니다. 또한 사과 20개를 2개씩 묶으면 10묶음이 되므로 사과 2개는 전체의 $\frac{1}{10}$입니다.

2. 사과 40개를 10개씩 묶으면 4묶음이 되므로 사과 10개는 전체의 $\frac{1}{4}$입니다. 사과 40개를 1개씩 묶으면 40묶음이 되므로 사과 1개는 전체의 $\frac{1}{40}$이 됩니다. 또한 사과 40개를 2개씩 묶으면 20묶음이 되므로 사과 2개는 전체의 $\frac{1}{20}$입니다.

4. • 기준이 되는 도형을 같은 크기의 모양으로 나눕니다.

• 나누는 모양의 크기에 따라 분수의 표현이 달라질 수 있습니다.

(1) 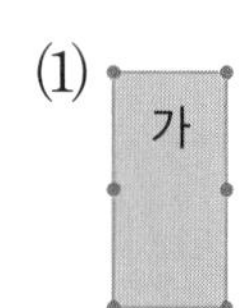

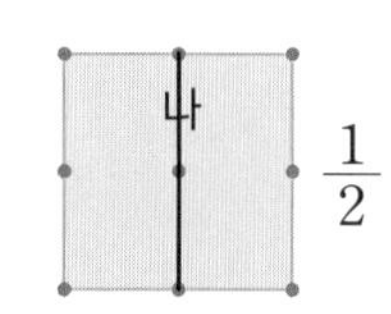

$\frac{1}{2}$

(2) 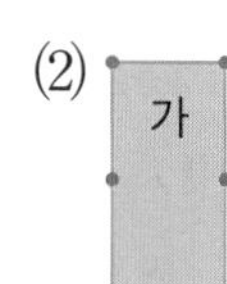

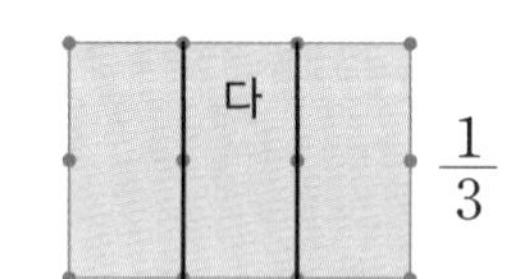

$\frac{1}{3}$

(3) 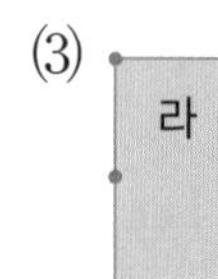

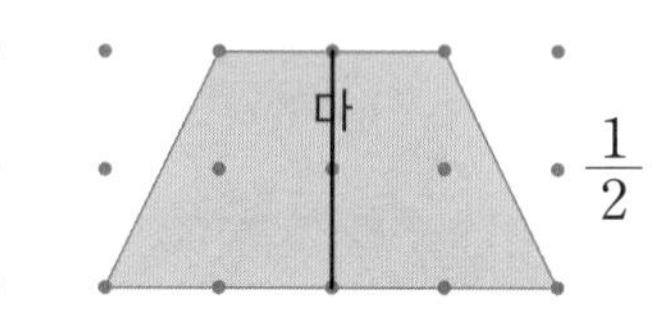

$\frac{1}{2}$

또는 

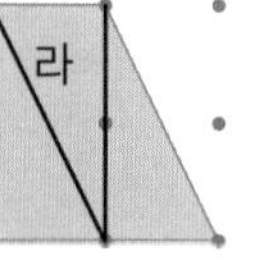
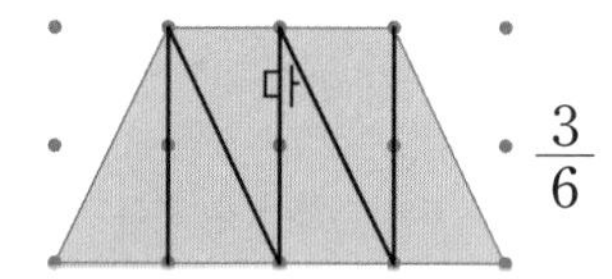

$\frac{3}{6}$

(4) 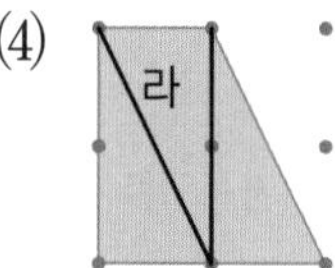

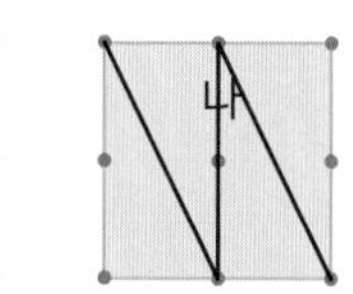

$\frac{3}{4}$

(5) 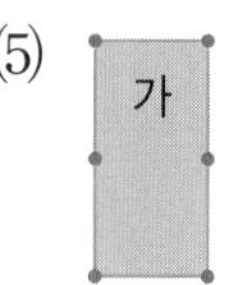

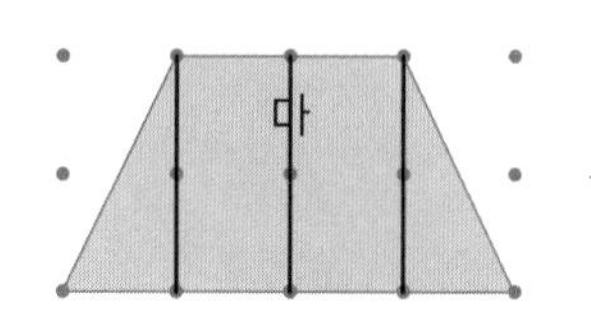

$\frac{1}{3}$

또는 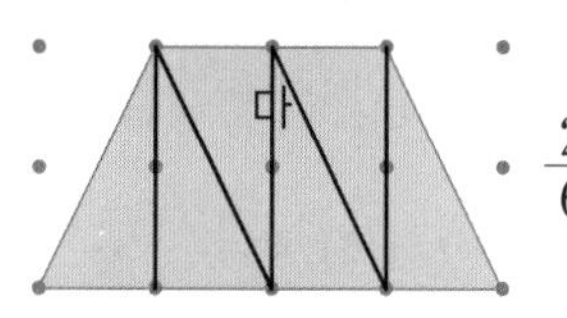

$\frac{2}{6}$

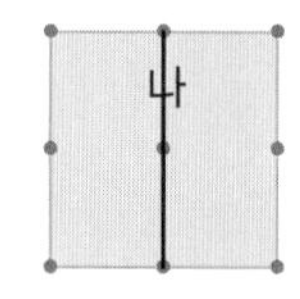

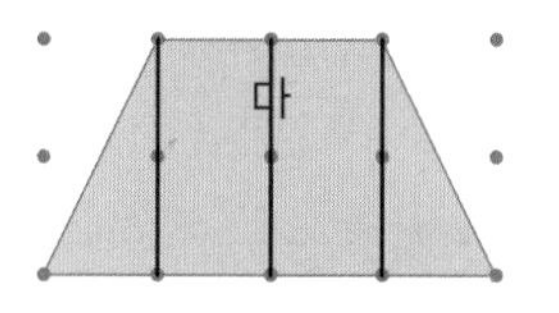

$\frac{2}{3}$

또는 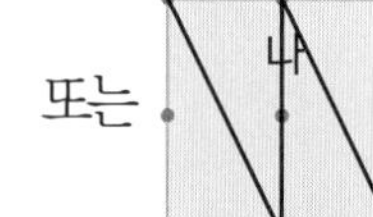

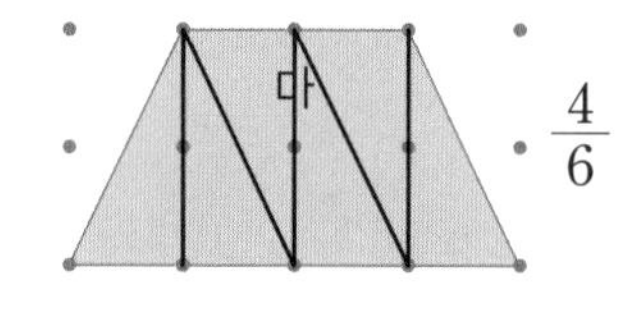

$\frac{4}{6}$

11 분수의 크기 비교와 셈하기

92~99쪽

수학비밀 22 분수의 크기 비교

1. (1) $\frac{9}{12}$, $\frac{7}{12}$, $\frac{6}{12}$, $\frac{4}{12}$, $\frac{2}{12}$

(2) $\frac{1}{8}$, $\frac{1}{6}$, $\frac{1}{5}$, $\frac{1}{4}$, $\frac{1}{2}$

(3) • 분모가 같은 경우: 분자가 큰 분수가 더 크다. 분자가 1인 분수가 몇 개 모여서 이루어진 것인지 세어봄으로써 크기를 비교할 수 있다.

• 분자가 같은 경우: 분모가 작은 분수가 더 크다. 각각 전체를 몇으로 나눈 것 중의 몇인지 알아봄으로써 크기를 비교할 수 있다.

2. (1)

(2)

(3) $\frac{1}{4}$, $\frac{1}{5}$

(4) $\frac{1}{4}$보다 $\frac{1}{5}$이 더 작기 때문에 $\frac{3}{4}$보다 $\frac{4}{5}$가 더 크다.

3. (1) $\frac{11}{12}$, $\frac{7}{8}$, $\frac{5}{6}$

(2) $\frac{7}{8}$, $\frac{4}{5}$, $\frac{3}{4}$, $\frac{2}{3}$, $\frac{2}{6}$

수학비밀 23 분수의 덧셈

1. 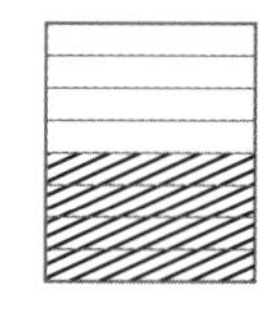 + 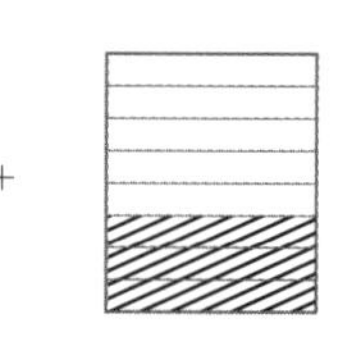 = 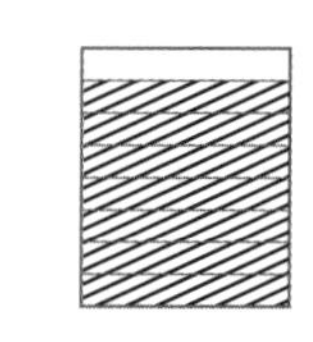

$\frac{4}{8}$ + $\frac{3}{8}$ = $\frac{7}{8}$

2. (1) $\frac{1}{3}$, $\frac{1}{3}$, $\frac{2}{3}$ (2) $\frac{2}{4}$, $\frac{1}{4}$, $\frac{3}{4}$ (3) $\frac{4}{7}$, $\frac{2}{7}$, $\frac{6}{7}$

3. 분모가 같은 분수의 덧셈은 분모는 그대로, 분자는 분자들의 합으로 표현한다.

수학비밀 24 분수의 뺄셈

1. 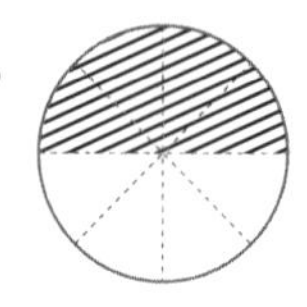 − 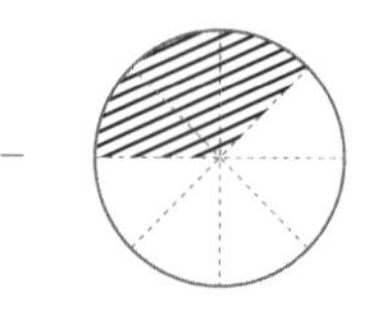 = 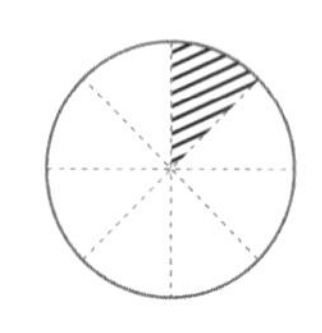

$\frac{4}{8}$ − $\frac{3}{8}$ = $\frac{1}{8}$

2. (1) $\frac{3}{8}$, $\frac{2}{8}$, $\frac{1}{8}$ (2) $\frac{4}{8}$, $\frac{1}{8}$, $\frac{3}{8}$ (3) $\frac{6}{8}$, $\frac{3}{8}$, $\frac{3}{8}$

3. 분모가 같은 분수의 뺄셈은 분모는 그대로, 분자는 분자들의 차로 표현한다.

풀이

수학비밀 22 분수의 크기 비교

3. (1) 1을 만들기 위해 필요한 양은 각각 $\frac{1}{8}$, $\frac{1}{6}$, $\frac{1}{12}$입니다. $\frac{1}{12}<\frac{1}{8}<\frac{1}{6}$이기 때문에 가장 큰 것부터 순서대로 써 보면 $\frac{11}{12}$, $\frac{7}{8}$, $\frac{5}{6}$입니다.

(2) 먼저 $\frac{3}{4}$, $\frac{2}{3}$, $\frac{7}{8}$, $\frac{4}{5}$의 크기를 비교해 봅니다. 1을 만들기 위해 필요한 부분은 각각 $\frac{1}{4}$, $\frac{1}{3}$, $\frac{1}{8}$, $\frac{1}{5}$입니다. $\frac{1}{8}<\frac{1}{5}<\frac{1}{4}<\frac{1}{3}$이기 때문에 가장 큰 것부터 순서대로 써 보면 $\frac{7}{8}$, $\frac{4}{5}$, $\frac{3}{4}$, $\frac{2}{3}$입니다. 그리고 $\frac{2}{6}$의 크기를 비교하기 위해 분자가 같은 $\frac{2}{3}$와 크기를 비교해 보면 분모가 더 작은 $\frac{2}{3}$가 $\frac{2}{6}$보다 크기 때문에 가장 큰 것부터 순서대로 써 보면 $\frac{7}{8}$, $\frac{4}{5}$, $\frac{3}{4}$, $\frac{2}{3}$, $\frac{2}{6}$입니다.

12 1보다 큰 분수 탐구 100~109쪽

수학비밀 25 1보다 큰 분수

1. (1) $\frac{1}{2}$, $\frac{1}{2}$, $\frac{1}{2}$, $\frac{3}{2}$ (2) $\frac{1}{2}$, $1\frac{1}{2}$

$\frac{3}{2}$과 $1\frac{1}{2}$은 크기가 같은 분수이다.

2. (1) $\frac{5}{2}$ (또는 $2\frac{1}{2}$)

(2) $2\frac{1}{4}$ (또는 $\frac{9}{4}$)

(3) $1\frac{3}{4}$ (또는 $\frac{7}{4}$)

수학비밀 26 분수의 변신

1. (1) 1, $\frac{1}{3}$ (2) $\frac{3}{3}$ (3) $\frac{4}{3}$

2. (1) $\frac{1}{3}$, $\frac{1}{3}$, $\frac{1}{3}$, $\frac{1}{3}$, $\frac{1}{3}$, $\frac{1}{3}$, $\frac{1}{3}$, $\frac{1}{3}$

(2) 2묶음

$\frac{8}{3}=\frac{1}{3}+\frac{1}{3}+\frac{1}{3}+\frac{1}{3}+\frac{1}{3}+\frac{1}{3}+\frac{1}{3}+\frac{1}{3}$

(3) $2\frac{2}{3}$ kg

3. (1) ③ $1\frac{1}{5}$ kg (2) ② $\frac{14}{3}$개 (3) $\frac{7}{6}$

수학비밀 27 수직선 위에 표시하기

1. (1) $\frac{1}{5}$, $\frac{2}{5}$, $\frac{3}{5}$, $\frac{4}{5}$

(2) $\frac{2}{8}$, $\frac{3}{8}$, $\frac{4}{8}$, $\frac{6}{8}$, $\frac{7}{8}$

2.

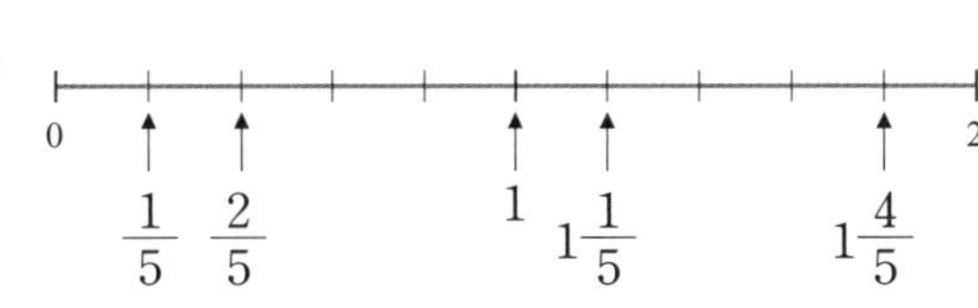

3. (1) (예시 답안)

3등분하여 1, 2를 표시하고 각 부분을 또 다시 3등분한다.

(2)

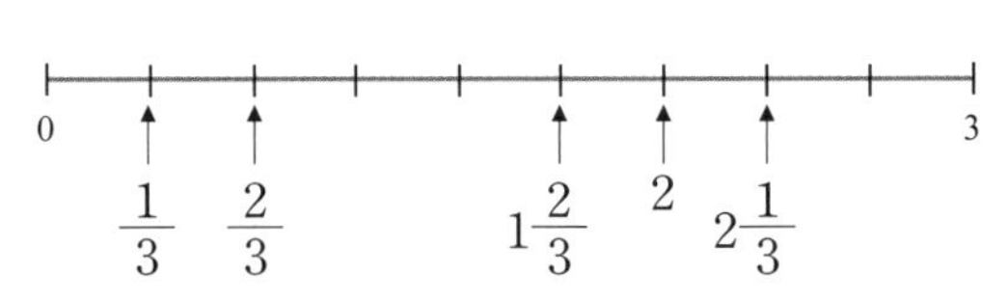

수학비밀 28 크기순으로 나열하기

1. (1) $\frac{1}{4}$, $\frac{3}{4}$, $1\frac{1}{4}$, $\frac{7}{4}$

(2) $\frac{4}{3}$, $1\frac{1}{6}$, $\frac{2}{3}$, $\frac{1}{2}$

2. 2, $\frac{11}{6}$, $1\frac{5}{7}$, 1, $\frac{3}{4}$, $\frac{3}{8}$, $\frac{3}{9}$, 0

풀이

수학비밀 26 분수의 변신

3. (1) [방법 ①] $\frac{6}{5}=\frac{1}{5}+\frac{1}{5}+\frac{1}{5}+\frac{1}{5}+\frac{1}{5}+\frac{1}{5}=\frac{5}{5}+\frac{1}{5}=1+\frac{1}{5}=1\frac{1}{5}$

[방법 ②] 분자 6에서 분모 5를 한 번 뺄 수 있으므로 자연수는 1이고, 나머지 1은 분자가 됩니다. 분모는 5이므로 $1\frac{1}{5}$

[방법 ③] 분자를 분모로 나누어 봅니다. $6\div5=1\cdots1$ 이므로 대분수의 분모는 5, 자연수는 몫인 1, 분자는 나머지인 1, 따라서 $1\frac{1}{5}$입니다.

(2) [방법 ①] $4\frac{2}{3}=4+\frac{2}{3}=1+1+1+1+\frac{2}{3}=\frac{3}{3}+\frac{3}{3}+\frac{3}{3}+\frac{3}{3}+\frac{2}{3}=\frac{14}{3}$

[방법 ②] 분모: 3, 분자: 자연수×분모+분자 $=4\times3+2=14$, 따라서 $\frac{14}{3}$입니다.

[방법 ③] 분모: 3, 분자: $3+3+3+3+2=14$ (분모를 자연수만큼 더하고 분자를 더한다.) 따라서 $\frac{14}{3}$입니다.

(3) [방법 ①] $1\frac{1}{6}=1+\frac{1}{6}=\frac{6}{6}+\frac{1}{6}=\frac{7}{6}$

[방법 ②] 분모: 6, 분자: 자연수×분모+분자 $=1\times6+1=7$ 따라서 $\frac{7}{6}$입니다.

[방법 ③] 분모: 6, 분자: 6+1=7
(분모를 자연수만큼 더하고 분자를 더한다.) 따라서 $\frac{7}{6}$입니다.

수학비밀27 수직선 위에 표시하기

1. 수직선에서 0과 1의 위치를 확인하고, 전체 눈금의 수를 알고 분수로 표현합니다.

2. 0과 1, 1과 2 사이가 몇 등분 되어 있는지 확인하고, 주어진 분수를 수직선에 표시합니다.

3. 수직선 위에 0, 1, 2, 3을 먼저 표시하고, 주어진 분수들을 수직선에 나타내기 위해 0과 1, 1과 2, 2와 3 사이가 몇 등분 되어야 하는지 생각하여 눈금을 표시합니다.

수학비밀28 크기순으로 나열하기

1. ⑴ 대분수를 가분수로 나타내거나, 가분수를 대분수로 나타내어 비교합니다. $\frac{7}{4}$을 대분수로 나타내면 $1\frac{3}{4}$입니다. $1\frac{3}{4}$과 $1\frac{1}{4}$을 비교하면 자연수 1이 같고 $\frac{3}{4}>\frac{1}{4}$이므로 $1\frac{3}{4}>1\frac{1}{4}$입니다. 또 1보다 작은 $\frac{3}{4}$과 $\frac{1}{4}$을 비교하면 $\frac{3}{4}>\frac{1}{4}$이므로 가장 작은 수부터 순서대로 나열해 보면 $\frac{1}{4}$, $\frac{3}{4}$, $1\frac{1}{4}$, $\frac{7}{4}$이 됩니다.

⑵ 1보다 작은 $\frac{2}{3}$와 $\frac{1}{2}$을 비교해 보면, 1이 되기 위해 필요한 양은 각각 $\frac{1}{3}$과 $\frac{1}{2}$이기 때문에 $\frac{1}{3}<\frac{1}{2}$에 의해 필요한 양이 적은 $\frac{2}{3}$가 $\frac{1}{2}$보다 큽니다. 1보다 큰 분수의 크기는, $\frac{4}{3}$를 대분수로 나타내면 $1\frac{1}{3}$이므로 $1\frac{1}{6}$과 비교하면 $\frac{1}{3}>\frac{1}{6}$에 의해 $1\frac{1}{3}$이 $1\frac{1}{6}$보다 큽니다. 따라서 가장 큰 수부터 순서대로 나열해 보면 $1\frac{1}{3}$, $1\frac{1}{6}$, $\frac{2}{3}$, $\frac{1}{2}$이 됩니다.

2. ① 주어진 가분수 $\frac{11}{6}$을 대분수로 나타내면 $1\frac{5}{6}$입니다. 따라서 2가 가장 큰 수가 됩니다.

② 1과 2 사이의 분수인 $\frac{11}{6}$, $1\frac{5}{7}$의 크기를 비교해 보면 자연수 1을 제외한 $\frac{5}{6}$와 $\frac{5}{7}$의 크기는 $\frac{5}{6}>\frac{5}{7}$(분자가 같을 때는 분모가 작은 분수가 더 크다는 사실 이용) 이므로 $\frac{11}{6}>1\frac{5}{7}$입니다.

③ 0과 1사이의 분수는 $\frac{3}{4}$, $\frac{3}{8}$, $\frac{3}{9}$으로 크기를 비교해 보면 분자가 같기 때문에 분모가 작을수록 크다는 사실을 통해 $\frac{3}{4}>\frac{3}{8}>\frac{3}{9}$이라는 것을 알 수 있습니다. 따라서 가장 큰 수부터 순서대로 나열해 보면 2, $\frac{11}{6}$, $1\frac{5}{7}$, 1, $\frac{3}{4}$, $\frac{3}{8}$, $\frac{3}{9}$, 0입니다.

13 나눗셈으로 숨은 그림 찾기 110~117쪽

수학비밀29 나눗셈의 방법

1. • 방법1.

```
     2 4
4 ) 9 7
    8
   ----
    1 7
    1 6
   ----
      1
```

• 방법2. 97−40−40−16=1이므로
몫은 10+10+4=24이고 나머지는 1이다.

2. • 영재: (4로 나누어떨어지는 수 중 두 자리 수를 먼저 빼서 구한다.)

① 4×20=80이므로 97에서 80을 빼면 97−80=17이다.

② 4×4=16이므로 17에서 16을 빼면 1이 남는다.

③ 따라서 97에 4는 20+4=24(번) 들어가므로 몫은 24이고, 나머지는 1이다.

• 슬기: (각 자리의 숫자에서 4를 빼서 구한다.)

① 십의 자리의 숫자 9에 4가 2번 들어가므로 9의 위쪽에 2를 쓰고, 9 아래에 8을 쓴 다음 9에서 8을 뺀 수 1을 쓴다.

② 9에서 8을 뺀 수 1의 옆에 일의 자리 숫자 7을 내려쓴다.

③ 17에 4가 4번 들어가므로 97의 일의 자리 숫자 7의 위쪽에 4를 쓰고, 17 아래에 16을 쓴 다음 17에서 16을 뺀 수 1을 쓴다.

④ 따라서 97의 위쪽의 수 24가 몫이고, 맨 아래의 수 1이 나머지이다.

3. (1) 몫: 23, 나머지: 0

```
      3
    2 0         2 3
3 ) 6 9     3 ) 6 9
    6 0         6
      9           9
      9           9
      0   ,       0
```

(2) 몫: 16, 나머지: 3

```
      6
    1 0         1 6
5 ) 8 3     5 ) 8 3
    5 0         5
    3 3         3 3
    3 0         3 0
      3   ,       3
```

수학비밀 30 나눗셈의 재미있는 성질

1. (1) 2, 10, 6, 26, 20, 34, 18, 30, 46, 52, 40, 60, 68, 190, 102, 304, 1990, 2002, 53550, 1927236, 18976500에 ○표

(2) 5, 10, 20, 30, 55, 40, 60, 190, 335, 195, 2005, 1990, 53550, 200095, 18976500에 △표

(3) 10, 20, 30, 40, 60, 190, 1990, 53550, 18976500

(4) ① 짝수이다. 혹은 일의 자리 숫자가 0, 2, 4, 6, 8 중의 하나이다.

② 일의 자리 숫자가 0과 5 중의 하나이다.

③ 10으로 나누어 떨어지는 수는 2와 5로도 나누어떨어진다. 혹은 일의 자리 숫자가 0인 수는 2와 5로도 나누어떨어진다. 2와 5로 모두 나누어떨어지는 수는 10으로도 나누어 떨어지는 수이다.

수학비밀 31 숨겨진 비밀 찾기

1.

19	23	22	16	3
7	38	15	28	39
46	◉	41	14	
27	34	5	56	71
13	65	32	12	9

2.

85	45	15	55	36
35	12	29	52	40
30	10	70	95	28
20	9	47	39	75
65	50	25	5	14

3.

133		1				18		76	98
141	14	13	22	68	165	5	7	81	
360	67	84	217		16	49	133	255	355
242	147	224	294	35	161	105	154	112	41
	42	14	156	350	56		70	350	
55	128	217	98	63	224	126	490	49	25
27	17	140	147	89		147	21	36	37
	54	149	294	105	70	35		72	
161	150	177	192	91	126	24	45	96	112
14	119	154			60		28	7	42

4.

13	84	15	26	93	12	73
36	98	65	57	76	67	30
72	44	8	41	17	53	75
51	5	91	85	71	47	27
28	63	38	55	7	99	58
62	74	18	29	81	14	92
82	46	19	48	50	97	16

5.

8	23	11	3	53	21
32	1	35	4	65	24
29	20	5	13	14	122
19	41	16	15	23	7
47	56	44	6	71	42
10	30	39	27	17	9

14 신기한 수의 성질 탐구

118~129쪽

수학비밀 32 같은 수를 두 번 곱한 수

1. (1) $1\times1=1$, $2\times2=4$, $3\times3=9$, $4\times4=16$, $5\times5=25$, $6\times6=36$, $7\times7=49$, $8\times8=64$, $9\times9=81$, $10\times10=100$

(2) 0, 1, 4, 5, 6, 9 (3) 1 또는 9

2. 창의의 가족이 잡은 물고기의 총 마리수의 합은 □2+△3+○3+◇4이다. 십의 자리 숫자는 알 수 없지만 일의 자리 숫자는 2+3+3+4=12임을 이용하여 2임을 알 수 있다. 1부터 10까지 일의 자리가 0인 경우를 포함하여 같은 수를 두 번 곱했을 때 일의 자리에 나타날 수 있는 숫자들은 0, 1, 4, 5, 6, 9뿐이

다. 그러므로 물고기의 총 마리수의 합이 일의 자리 숫자인 2는 같은 수를 두 번 곱했을 때 일의 자리에 나타날 수 있는 숫자들에 포함되지 않으므로 창의가 거짓말을 하였음을 알 수 있다.

수학비밀 33 같은 수를 여러 번 곱한 수

1. (1)

곱셈식	일의 자리의 숫자
5×5	5
5×5×5	5
5×5×5×5	5
5×5×5×5×5	5
5×5×5×5×5×5	5
5×5×5×5×5×5×5	5

(2) 십의 자리 숫자들과 상관없이 일의 자리 숫자가 모두 5이다.

(3) 5　　(4) 5

(5) 일의 자리 숫자가 5인 수들의 곱은 결과 값의 일의 자리 숫자가 항상 5가 된다.

2.

	1번	2번	3번	4번	5번	6번	7번	8번	9번	특징
1	1	1	1	1	1	1	1	1	1	항상 1임
2	2	4	8	6	2	4	8	6	2	2, 4, 8, 6이 반복
3	3	9	7	1	3	9	7	1	3	3, 9, 7, 1이 반복
4	4	6	4	6	4	6	4	6	4	4, 6이 반복
5	5	5	5	5	5	5	5	5	5	항상 5임
6	6	6	6	6	6	6	6	6	6	항상 6임
7	7	9	3	1	7	9	3	1	7	7, 9, 3, 1이 반복
8	8	4	2	6	8	4	2	6	8	8, 4, 2, 6이 반복
9	9	1	9	1	9	1	9	1	9	9, 1이 반복

3. (1) 8　　(2) 4

(3) 6　　(4) 4

(5) 7

수학비밀 34 짝수와 홀수

1. ① 짝수: 2, 4, 6, 8, 10, 12, 14, 16, 18, 20, 22, 24, 26, 28, 30, 32, 34, 36, 38, 40, 42, 44, 46, 48, 50에 ◯표

② 홀수: 1, 3, 5, 7, 9, 11, 13, 15, 17, 19, 21, 23, 25, 27, 29, 31, 33, 35, 37, 39, 41, 43, 45, 47, 49에 △표

2. (1) 짝수　(2) 홀수　(3) 짝수　(4) 홀수

(5) 짝수　(6) 홀수　(7) 짝수　(8) 홀수

(9) 짝수　(10) 짝수　(11) 홀수　(12) 홀수

3. (1) 짝수　(2) 홀수　(3) 홀수　(4) 홀수

(5) 홀수　(6) 짝수　(7) 짝수　(8) 홀수　(9) 짝수

수학비밀 35 경기에서의 짝수와 홀수

1. (1) 3경기

(2) 2번씩, 각 팀의 경기 횟수의 합은 6

(3) 짝수　　(4) 그 팀의 경기 횟수

2. (1) 각 팀의 경기 횟수의 합은 짝수이다. 왜냐하면 한 경기가 이루어 질 때마다 두 팀이 경기를 하기 때문이다.

(2) 홀수이다. 왜냐하면 각 팀의 경기 횟수의 총합은 짝수이어야 하므로 오일러 팀의 경기 횟수는 홀수이다.

(3)

팀	경기 횟수	승리 횟수	패배 횟수
가우스	짝수	짝수	짝수
파스칼	짝수	홀수	홀수
뉴턴	홀수	짝수	홀수
드 모르간	홀수	홀수	짝수
피타고라스	홀수	짝수	홀수
오일러	홀수	홀수	짝수

풀이

수학비밀 33 같은 수를 여러 번 곱한 수

3. (1) 2를 6번 곱한 수의 일의 자리의 숫자: 4,
3을 7번 곱한 수의 일의 자리의 숫자: 7
4×7=28 이므로 결과 값의 일의 자리 숫자는 8입니다.

(2) 2를 7번 곱한 수의 일의 자리의 숫자: 8,
7을 7번 곱한 수의 일의 자리의 숫자: 3
8×3=24 이므로 결과 값의 일의 자리 숫자는 4입니다.

(3) 3을 8번 곱한 수의 일의 자리의 숫자: 1,
4를 6번 곱한 수의 일의 자리의 숫자: 6
1×6=6 이므로 결과 값의 일의 자리 숫자는 6입니다.

(4) 9를 7번 곱한 수의 일의 자리의 숫자: 9,
6을 9번 곱한 수의 일의 자리의 숫자: 6
9×6=54 이므로 결과 값의 일의 자리 숫자는 4입니다.

(5) 7을 9번 곱한 수의 일의 자리의 숫자는 7입니다.

수학비밀 35 경기에서의 짝수와 홀수

1. ※ 두 팀 사이의 경기를 그림으로 나타내면 쉽게 해결할 수 있습니다.

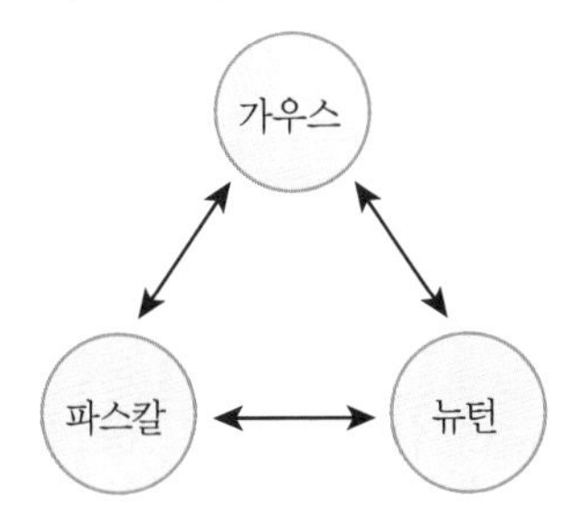

(2) 각 팀의 경기 횟수는 2번으로 모두 같으므로 (각 팀의 경기 횟수의 합)=(각 팀의 경기 횟수)×(팀의 수)=2×3=6입니다.
또한 한 경기가 이루어질 때마다 두 팀이 경기를 하게 되므로 (각 팀의 경기 횟수의 합)=(총 경기 수)×2=3×2=6입니다.

(4) 무승부가 없으므로 한 팀의 총 승리 횟수와 총 패배 횟수의 합은 그 팀의 경기 횟수와 같습니다.

15 생활 속의 규칙 찾기 130~139쪽

수학비밀 36 시계 속의 규칙

1.

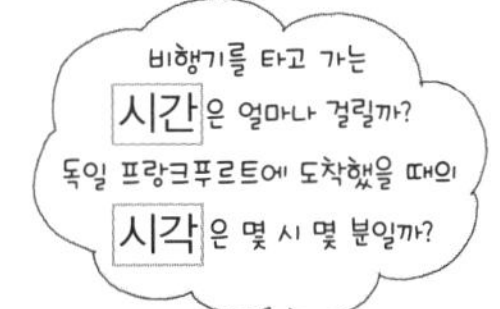

2. (1) 60초　　(2) 5바퀴, 300초
(3) (예시 답안)
- 60초 동안 할 수 있는 일: 책 정리, 신발 정리, 문자 보내기, 버스 타고 한 정거장 가기, 발 마사지, 머리 정리하기, 300 m 달리기 등
- '60초' 넣어 문장 만들기: 나는 300 m를 60초에 뛸 수 있다.

수학비밀 37 시간 속의 규칙

1. (1) 20분마다 한 대씩 출발한다.
(2) 오전 10시 20분　(3) 9대

2. (1) 45분마다 한 대씩 출발한다.
(2) 정오(12시)　(3) 오후 3시 45분

3. (1) 지구는 둥글기 때문에 시각 차이가 생긴다.
(2) • 서울과 프랑크푸르트: 서울 시각이 프랑크푸르트 시각보다 7시간 더 빠르다. (프랑크푸르트 시각이 서울 시각보다 7시간 더 느리다.)
• 서울과 오클랜드: 오클랜드 시각이 서울 시각보다 3시간 더 빠르다.
(3) 오클랜드 시각이 프랑크푸르트 시각보다 10시간 더 빠르다.

4. (1) 구할 수 없다. 출발 시각은 서울 시각이고, 도착 시각은 프랑크푸르트 시각이기 때문에 시차를 계산해야 한다.
(2) 오후 7시 30분
(3) 10시간 30분

수학비밀 38 그림 속의 규칙

1. (1) 점의 위치는 시계 방향으로 한 칸을 건너 뛰어 다음 칸에 그려진다.
(2)

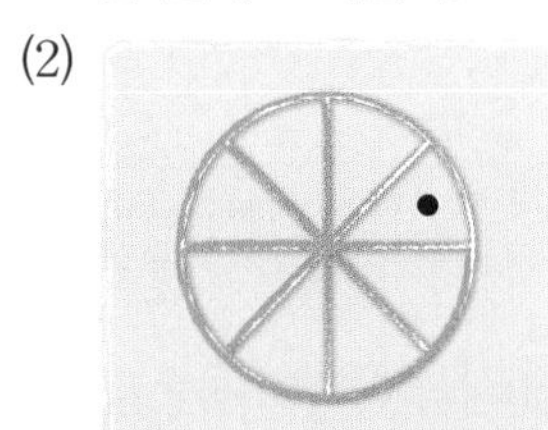

2. (1)

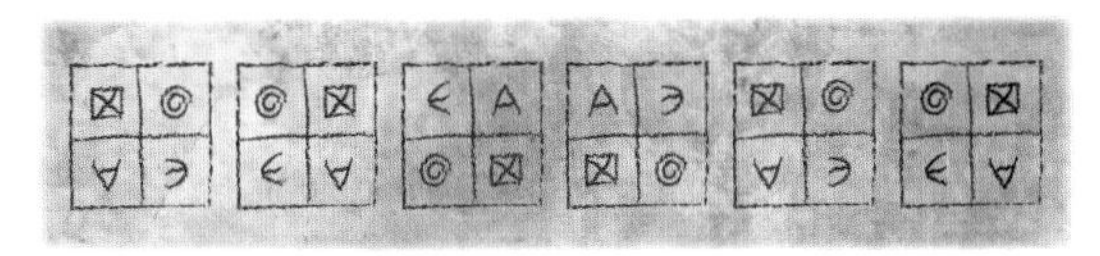

(2)

3. (1) 첫 번째 줄: 오른쪽으로 1칸씩 이동한다. (또는 왼쪽으로 4칸)
두 번째 줄: 오른쪽으로 2칸씩 이동한다. (또는 왼쪽으로 3칸)
세 번째 줄: 왼쪽으로 1칸씩 이동한다. (또는 오른쪽으로 4칸)
네 번째 줄: 왼쪽으로 2칸씩 이동한다. (또는 오른쪽으로 3칸)
다섯 번째 줄: 오른쪽으로 1칸씩 이동한다. (또는 왼쪽으로 4칸)

(2)

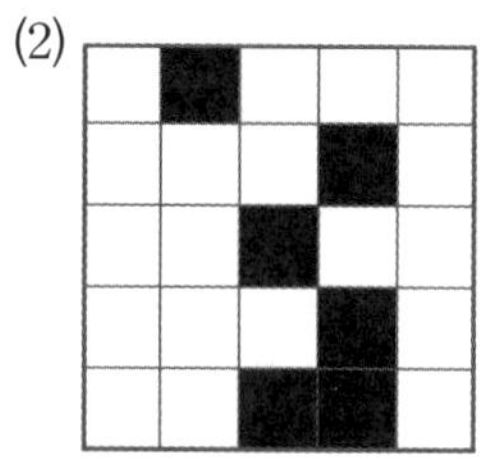

(3)

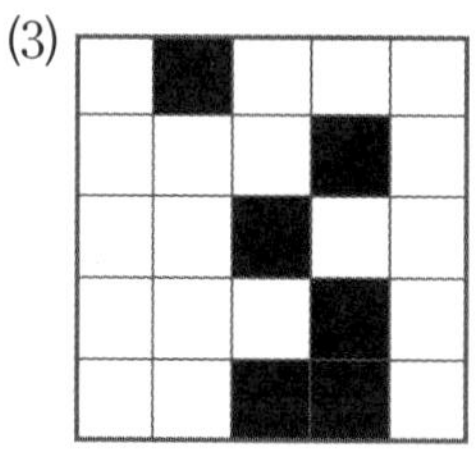

4. (1) 오른쪽으로 직각의 2배만큼 돌리기, 위쪽으로 뒤집기 (또는 아래쪽으로 뒤집기)를 반복하고 있다.

(2)

(3) 5개

풀이

수학비밀37 시간 속의 규칙

1. (2) 첫째 비행기: 오전 9시
둘째 비행기: 오전 9시 20분
셋째 비행기: 오전 9시 40분
넷째 비행기: 오전 10시
따라서 다섯째 비행기 출발 시각은
오전 10시+20분=오전 10시 20분입니다.

(3) 정오가 되기 전에 출발한 비행기 시각은
9시, 9시 20분, 9시 40분
10시, 10시 20분, 10시 40분
11시, 11시 20분, 11시 40분
으로 1시간에 세 대씩 출발합니다.
오전 9시부터 정오까지 세 시간동안 출발한 비행기는 모두 3×3=9대입니다.

2. (2) 첫째 비행기: 오전 9시
둘째 비행기: 오전 9시 45분
셋째 비행기: 오전 10시 30분
넷째 비행기: 오전 11시 15분
따라서 다섯째 비행기 출발 시각은
오전 11시 15분+45분=정오 (12시)입니다.

(3) 다섯째 비행기: 정오 (12시)
여섯째 비행기: 오후 12시 45분
일곱째 비행기: 오후 1시 30분
여덟째 비행기: 오후 2시 15분
아홉째 비행기: 오후 3시
열째 비행기: 오후 3시 45분

3. (2) • 서울 시각−프랑크푸르트 시각=
오후 12시 28분 35초−오전 5시 28분 35초
=7시간
• 오클랜드 시각−서울 시각=
오후 3시 28분 35초−오후 12시 28분 35초
=3시간

(3) 오클랜드 시각−프랑크푸르트 시각=
오후 3시 28분 35초−오전 5시 28분 35초
=10시간

4. ※ 시차가 있기 때문에 도착 시각에서 출발 시각을 빼도 비행기를 탄 시간을 구할 수 없습니다. 출발 시각과 도착 시각을 같은 나라의 시각으로 바꾸어 문제를 해결합니다.

(2) 서울 시각이 프랑크푸르트 시각보다 7시간 빠르므로 도착 시각+7시간=
오후 12시 30분+7시간=오후 7시 30분입니다.

(3) 도착 시각−출발 시각=
오후 7시 30분−오전 9시=10시간 30분

16 늘어나는 규칙 찾기 140~147쪽

수학비밀39 수 배열의 규칙

1. (1) 33, 35, 37, 39, 41, 43, 45, 47, 49
(2) 73
(3) 여덟째 줄의 둘째
(예시 답안)
• 홀수만 사용되었다.
• 각 가로줄의 수의 개수는 홀수개이다.
• 각 가로줄의 수의 개수가 1개, 3개, 5개, ……2개씩 늘어나고 있다.
• 각 가로줄의 가운데에 있는 수들은 1, 5, 13, 25, ……이다. +4, +8, +12, ……으로 커지고 있다.
등

2. (1) 가로줄의 양 끝에는 1을 쓰고, 바로 위의 가로줄의 두 개의 수를 더한 값을 두 수 사이 아래에 쓴다.
(2) 1, 7, 21, 35, 35, 21, 7, 1
(3) (예시 답안)

- 각 줄의 둘째 수 1, 2, 3, 4, 5, ……
  : 1부터 시작하여 1씩 커지는 규칙
- 각 줄의 셋째 수 1, 3, 6, 10, ……
  : 1부터 시작하여 2, 3, 4, 5, ……로 커지는 규칙 (삼각수 수열)
- 각 줄의 넷째 수 1, 4, 10, 20, ……
  : 1부터 시작하여 3, 6, 10, ……으로 커지는 규칙
- 각 줄의 첫째 수 1, 1, 1, 1, 1 ……
  : 1로만 이루어진 규칙 등

3. (1) 자연수를 차례로 5개씩 위에서 아래로, 아래에서 위로를 반복하며 다섯 개의 가로줄로 배열되고 있다.
(2) 39
(3) 셋째 가로줄의 11째

4. (1) 원판에 수가 5개씩 쓰여 있다. 각 원판의 가장 작은 수는 6씩 커지고 있다. 등
(2) 31, 32, 33, 34, 35
(3) 6, 12, 18, 24 ……: 6의 배수, 6으로 나누어떨어지는 수들

수학비밀40 피라미드 속의 규칙

1. (1) • 각 층별로 정삼각형 모양을 이루면서 구슬을 쌓아가고 있다.
• 한 변에 놓이는 구슬의 개수가 하나씩 증가하고 있다.
(2)

5층	4층	3층	2층	1층
1개	3개	6개	10개	15개

(3) (예시 답안)
5층: 1개
4층: (1+2)개=3개
3층: (1+2+3)개=6개
2층: (1+2+3+4)개=10개
1층: (1+2+3+4+5)개=15개
즉, □층으로 쌓아 올렸을 때 1층의 구슬의 개수:
1+2+3+ …… +(□−1)+□
(4) 28개
(5) 10층

2. (1) • 각 층별로 정사각형 모양을 이루면서 구슬을 쌓아가고 있다.
• 한 변에 놓이는 구슬의 개수가 하나씩 증가하고 있다.
(2)

5층	4층	3층	2층	1층
1개	4개	9개	16개	25개

(3) (예시 답안)
5층: 1개
4층: (2×2)개=4개
3층: (3×3)개=6개
2층: (4×4)개=16개
1층: (5×5)개=25개
즉, □층으로 쌓아 올렸을 때 1층의 구슬의 개수:
□×□
(4) 64개 (5) 10000개

풀이

수학비밀39 수 배열의 규칙

1. (2) 각 줄의 첫째 수의 규칙은 다음과 같습니다.

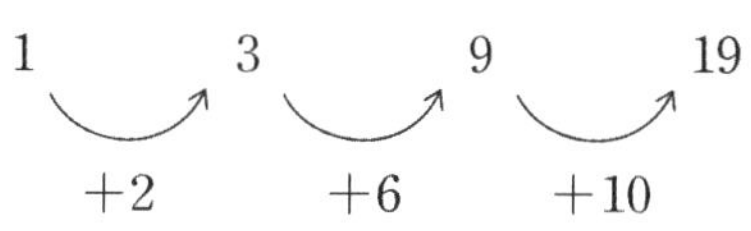

같은 방법으로 일곱째 줄의 첫째 수를 구하면 19+(14+18+22)=73입니다.
(3) (2)의 방법으로 여덟째 줄의 첫째 수를 구해 보면 73+26=99입니다. 따라서 101은 여덟째 줄의 둘째 수입니다.

3. (2) 둘째 가로줄의 수들의 규칙은 다음과 같습니다.
2 9 12 19 22
+7 +3 +7 +3
같은 방법으로 여덟째 수를 구하면 22+(7+3+7)=39입니다.
[다른 풀이]
2, 9, 12, 19, 22, ……로 짝수째 수들은 10씩 커지기 때문에 가로줄의 여덟째 수는 39입니다.
(3) 가로줄의 수들을 살펴보면 짝수째 수들의 규칙은 10씩 커진다는 것을 알 수 있습니다. 따라서 53은 셋째 가로줄의 11째 수가 됩니다.

4. (2) 다섯째 원에 쓰이는 수: 25, 26, 27, 28, 29
여섯째 원에 쓰이는 수: 31, 32, 33, 34, 35

수학비밀40 피라미드 속의 규칙

1. (2) 각 층별로 구슬의 개수를 구할 때 일일이 세어 알아내는 방법보다 규칙을 찾아 표를 완성합니다.
(4) 같은 규칙에 따라 7층으로 쌓아 올렸을 때 맨 아래층의 구슬의 개수는

1+2+3+4+5+6+7=28(개)입니다.

(5) 맨 아래층의 구슬의 개수가 55개이면 1+2+3+4+5+6+7+8+9+10=55이므로 10층의 삼각 피라미드가 완성된 것입니다.

2. (4) 같은 규칙에 따라 8층으로 쌓아 올렸을 때 맨 아래층의 구슬의 개수는 8×8=64(개)입니다.

(5) 같은 규칙에 따라 100층으로 쌓아 올렸을 때 맨 아래층의 구슬의 개수는 100×100=10000(개)입니다.

17 반복되는 규칙 찾기 148~155쪽

수학비밀 41 달력 속의 규칙

1.

1월	2월	3월	4월	5월	6월
31일	28일 또는 29일	31일	30일	31일	30일
7월	8월	9월	10월	11월	12월
31일	31일	30일	31일	30일	31일

2. (1) 수요일 (2) 금요일

요일은 7일마다 반복되기 때문에 날짜를 7일씩 더하거나 빼본다.

3. (1) 12월 10일 (2) 115일 후, 목요일

(3) 28일 (4) 토요일

4. (1) • 3일 간격으로 판매한다.

• 한 달에 6일 판매한다.

(2) 72일 (3) 9월 4일

수학비밀 42 돌고 도는 규칙

1. (1) 초록색

(2) 빨강: 2개, 주황: 4개
노랑: 6개, 초록: 8개

(3) 초록색

(4) 빨강: 10개, 주황: 20개,
노랑: 30개, 초록: 40개

(5) • 최소 38개, 최대 40개까지 사용되었다.
• 이유: 풀이 참조

2. (1) 소시지의 색깔은 노랑, 연두, 연두, 분홍, 노랑, 파랑색이 반복된다.

(2) 분홍색 (3) 연두색, 8개

(4) 67개 (5) 최대 91개, 최소 87개

풀이

수학비밀 41 달력 속의 규칙

2. (1) 수요일의 날짜를 생각해 보면 5일, 12일, 19일, 26일입니다. 따라서 8월 26일은 수요일입니다.

(2) 7월 31일은 금요일입니다. 7월 달의 금요일 날짜를 생각해 보면 31일, 24일, 17일, 10일, 3일이므로 7월 17일은 금요일입니다.

3. (1) 9월 1일로부터 30일 후는 10월 1일이고 그 후, 31일 후는 11월은 1일, 30일 후는 12월은 1일입니다. 따라서 9월 1일로부터 100일 후의 날짜는 12월 1일로부터 9일 더 지난 12월 10일입니다.

(2) (1)번과 같은 방법으로 생각하면 12월 25일은 9월 1일로부터 115일 후가 됩니다. 115÷7=16···3으로 16주하고도 3일 후이므로 월요일로부터 3일 후인 목요일입니다.

(3) 2월은 28일과 29일 중 하나입니다. 2월 14일이 토요일이라면 2월 21일, 2월 28일이 토요일이고, 3월 1일, 3월 8일, 3월 15일이 일요일입니다. 이 때, 3월 14일은 토요일이므로 2월이 28일이라면 2월과 3월에서 같은 날짜는 서로 같은 요일이 됩니다. 따라서 2월은 28일인 달임을 알 수 있습니다.

(4) (3)에서 2월이 28일까지라면 2월과 3월에서 같은 날짜는 서로 같은 요일이 됩니다. 하지만 2월 14일은 금요일이고 29일까지 있다고 했으므로 3월 14일은 28일하고도 하루 더 지난 토요일임을 알 수 있습니다.

4. (2) 한 달에 6일씩 총 12개월이므로 12×6=72(일)입니다.

(3) 50째 판매일은 50÷6=8···2로 6일씩 8개월이 지난 후 둘째 날이므로 9월 4일이 됩니다.

수학비밀 42 돌고 도는 규칙

1. ※ 반복되는 주기를 찾아 식으로 표현하며 색깔별로 사용된 풍선의 개수를 구합니다.

(1) 풍선을 장식하는 방법에 따르면 풍선은 10개씩 반복됩니다. 그러므로 20째 풍선은 10개의 풍선을 장식했을 때의 마지막 풍선의 색과 같습니다.

(2) 10개의 풍선이 2번 반복됩니다. 따라서 빨간색

풍선은 1개씩 2번, 주황색 풍선은 2개씩 2번, 노란색 풍선은 3개씩 2번, 초록색 풍선은 4개씩 2번 사용됩니다.

(3) 10개의 풍선을 한 묶음으로 생각하면 100째 풍선은 한 묶음의 마지막 풍선의 색깔과 같습니다.

(4) 한 묶음 속에 사용된 (풍선의 개수)×(묶음 수)로 계산합니다.

(5) 한 묶음에 빨간색 풍선은 1개씩 사용되므로 최대, 최소의 개수를 구하면

①10개의 풍선 한 묶음이 20번 반복되는 경우와 ②10개의 풍선 한 묶음이 19번 반복되고 빨간색 풍선이 1개 추가되는 경우가 있습니다.

①의 경우일 때 주황색 풍선의 개수:
$2\times20=40$(개)

②의 경우일 때 주황색 풍선의 개수:
$2\times19=38$(개)

이 외에 39개도 가능합니다.

2. (2) 6개의 소시지가 반복됩니다. $40\div6=6\cdots4$이므로 6개의 소시지를 한 묶음이라고 한다면 6묶음하고도 4개가 더 있는 상황이므로 40째 소시지의 색깔은 한 묶음 중에서 넷째 소시지인 분홍색이 됩니다.

(3) 6개의 소시지를 한 묶음으로 생각했을 때, 50째 소시지의 색깔은 $50\div6=8\cdots2$이므로 8번 반복하고도 2개가 더 있는 상황이므로 연두색입니다. 분홍색 소시지는 한 묶음에 한 개씩 있고 나머지 2개 중에는 분홍색 소시지가 없기 때문에 $1\times8=8$(개)입니다.

(4) $200\div6=33\cdots2$이므로 6개의 한 묶음이 33번 반복되고 2개가 더 판매된 상황이 됩니다. 노란색 소시지는 한 묶음에 2개씩 있고 나머지 2개 중 한 개가 노란색 소시지이므로 $2\times33+1=67$(개)입니다.

(5) 연두색 소시지는 한 묶음에 2개씩 있기 때문에 30개를 판매했다면 6개의 소시지 한 묶음이 최대 15번 반복 후 1개가 더 판매되었거나 최소 14번 반복 후 3개가 더 판매된 상황이 됩니다. 따라서 전체 소시지 판매 개수는 최대 $15\times6+1=91$(개), 최소 $14\times6+3=87$(개)가 됩니다.

18 여러 가지 문제 해결 방법 156~163쪽

수학비밀 43 표 만들기 I

1. (1) 8개 (2) 6개

(3)

초콜릿(개)	1	2	3	4
사탕(개)	8	6	4	2

(4) 4가지

2. (1)

초콜릿(개)	1	2	3	4	5	6	7
사탕(개)	13	11	9	7	5	3	1

초콜릿 6개, 사탕 3개

(2)

초콜릿(개)	1	2	3	4	5	6	7	8
사탕(개)	8	7	6	5	4	3	2	1
합계(원)	4000	4400	4800	5200	5600	6000	6400	6800

초콜릿 6개, 사탕 3개

수학비밀 44 표 만들기 II

1. (1) 창의

(2) 영재는 불고기 피자를 좋아하지 않습니다.

(3)

	파인애플 피자	불고기 피자	포테이토 피자
슬기	×	○	×
영재	○	×	×
창의	×	×	○

2.

	2일	11일	19일	23일
슬기	×	×	×	○
지혜	×	×	○	×
창의	○	×	×	×
영재	×	○	×	×

수학비밀 45 예상하고 확인하기

1. (1) (가로, 세로)=(100 cm, 500 cm), (200 cm, 400 cm), (300 cm, 300 cm) 등

(2) (예시 답안) 없다.

(3) 가로: 350 cm, 세로: 250 cm

2. 모자: 13개, 가면: 12개

3. (1) ㉠은 ㉡보다 4 작은 수이다. (또는 ㉡은 ㉠보다 4 큰 수이다.) 따라서 (㉠: 3, ㉡: 7) 또는 (㉠: 4, ㉡: 8)이 가능하다.

(2) ㉠: 4, ㉡: 8

(3)

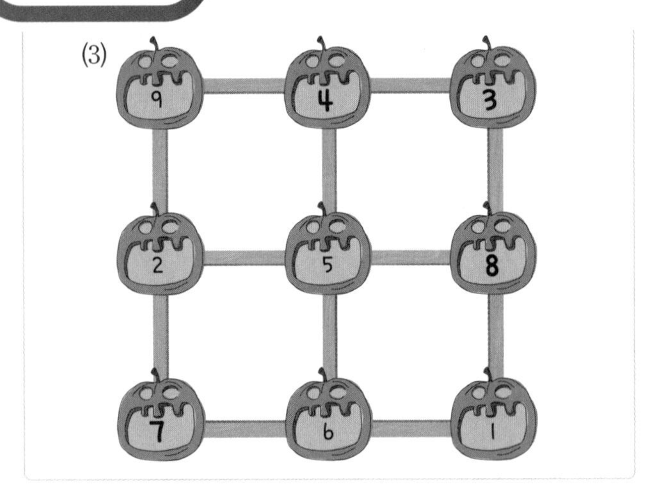

풀이

수학비밀 43 표 만들기 Ⅰ

1. (1) 4000−800=3200(원)
3200÷400=8(개)
(2) 4000−800×2=4000−1600=2400(원)
2400÷400=6(개)

수학비밀 44 표 만들기 Ⅱ

1. (1) 슬기는 포테이토 피자를 좋아하지 않고, 영재가 좋아하는 피자는 포테이토 피자보다 가격이 낮으므로 포테이토 피자를 좋아하는 사람은 창의입니다.
(2) 영재의 짝꿍이 누구인지는 모르나 영재는 불고기 피자를 좋아하지 않습니다.

2. • 표를 만드는 전략을 사용하여 문제를 해결합니다.
• 창의의 말에서 각 날짜의 요일을 구할 수 있습니다. 11일이 금요일이므로 7씩 차이가 나는 4일, 18일, 25일이 금요일입니다. 따라서 2일은 수요일, 11일은 금요일, 19일은 토요일, 23일은 수요일입니다.
• 지혜의 생일은 11일 금요일이 아닙니다. (토요일이므로 19일입니다.)

	2일	11일	19일	23일
슬기				
지혜		×		
창의				
영재				

	2일	11일	19일	23일
슬기			×	
지혜	×	×	◯	×
창의			×	
영재			×	

• 창의와 슬기의 생일은 2일과 23일입니다.

	2일	11일	19일	23일
슬기		×	×	
지혜	×	×	◯	×
창의		×	×	
영재			×	

• 영재의 생일은 11일, 창의의 생일은 2일입니다.

	2일	11일	19일	23일
슬기	×	×	×	◯
지혜	×	×	◯	×
창의	◯	×	×	×
영재	×	◯	×	×

수학비밀 45 예상하고 확인하기

2. (예상 1) 모자 15개, 가면 10개
15+10=25(개)이나, 15×10=150이므로 답이 될 수 없습니다.
(예상 2) 모자 14개, 가면 11개
14+11=25(개)이나, 14×11=154이므로 답이 될 수 없습니다.
(예상 3) 모자 13개, 가면 12개
13+12=25(개)이고, 13×12=156이기 때문에 답이 될 수 있습니다.

3. (1) 정사각형의 꼭짓점에 있는 4개의 수들의 합은 서로 같아야 하므로 9+2+5+㉠=5+6+1+㉢이 성립합니다. 따라서 16+㉠=12+㉢이므로 ㉠은 ㉢보다 4 작은 수입니다.
(2) • (㉠: 3, ㉢: 7)인 경우, 작은 정사각형의 꼭짓점에 있는 4개의 수들의 합은 19입니다. 이때, ㉡과 ㉣은 4와 8이 되어 가장 큰 정사각형의 꼭짓점에 있는 4개의 수들의 합은 22가 됩니다.
• (㉠: 4, ㉢: 8)인 경우, 작은 정사각형의 꼭짓점에 있는 4개의 수들의 합은 20입니다.
이때, ㉡: 3, ㉣: 7이 되어 모든 정사각형의 꼭짓점에 있는 4개의 수들의 합이 20이 됩니다.

따라서 조건에 만족하는 경우는 ㉠: 4, ㉢: 8
일 때입니다.